Technical Guidelines for Highway Disaster Preventing in Shanxi Province

陕西省公路灾害防治
技术指南

舒 森 李家春 朱 钰
田伟平 欧阳海霞 等 编著

人民交通出版社

内容提要

陕西省的秦巴山区、关中平原、黄土高原为我国三种独特的地理条件，具有较强的代表性。本书是针对陕西省实际情况制定的公路灾害防治技术指南，对我国其他省区的山区、平原区，以及黄土地区的公路灾害防治，同样具有参考与借鉴意义。

图书在版编目(CIP)数据

陕西省公路灾害防治技术指南/舒　森等编著.—北京：人民交通出版社，2009.9

ISBN 978-7-114-07908-5

Ⅰ.陕…　Ⅱ.舒…　Ⅲ.公路-地质-自然灾害-灾害防治-陕西省-指南　Ⅳ.U418-62

中国版本图书馆 CIP 数据核字(2009)第 127181 号

书　　名：**陕西省公路灾害防治技术指南**
著 作 者：舒　森　李家春等
责任编辑：丁润铎　周高瞻
出版发行：人民交通出版社
地　　址：(100011)北京市朝阳区安定门外外馆斜街 3 号
网　　址：http://www.ccpress.com.cn
销售电话：(010) 59757969，59757973
总 经 销：北京中交盛世书刊有限公司
经　　销：各地新华书店
印　　刷：北京密东印刷有限公司
开　　本：787 × 1092　1/16
印　　张：10.5
字　　数：252 千
版　　次：2009 年 9 月　第 1 版
印　　次：2009 年 9 月　第 1 次印刷
书　　号：ISBN 978-7-114-07908-5
定　　价：25.00 元

陕西省公路灾害防治技术指南
编写委员会

主编单位：陕西省公路局

参编单位：长安大学

起 草 人：舒　森　李家春　朱　钰　田伟平　欧阳海霞　张艳杰
崔世富　王亚玲　赵　华　郭庆利　毛雪松　王富春
张辉青　董卫卫　张　乔　李志强　郭小钰　马　磊
赵　进　崔　娥　张　萌　谢　波　王常青　刘　芸

顾　　问：万振江　张东省　刘孟林　刘连昌

前　言

交通运输部组织实施的“干线公路灾害整治工程”于2006年启动，作为试点省之一，陕西省通过试点工程的实施，结合西部交通建设科技项目**“路基灾害防治技术推广及应用示范”**（2006-318-000-07）课题研究，制定了适合我省情况、针对性较强、便于实际操作的《陕西省公路灾害防治技术指南》。鉴于陕西省公路灾害的特点，本指南主要涉及发生频繁的路基地质灾害和水毁灾害。

为全面提高陕西省国省道干线公路的抗灾能力，按照“安全、耐久、节约、和谐”的原则，贯彻“预防为主、防治结合、因地制宜、综合治理”的方针，指导公路灾害防治工程的勘察、设计、施工及管理，在总结已有研究成果和工程经验的基础上，进行了广泛的现场调查和深入分析研究，制定了本技术指南。

陕西省的秦巴山区、关中平原、黄土高原代表了三种独特的地理条件，针对陕西省实际情况制定的公路灾害防治技术指南，对我国其他省区的山区、平原区，以及黄土地区的公路灾害防治，具有参考与借鉴意义。

本指南为试用版。由于我省灾害类型多，各地条件差异大，很难全面适应各地的具体条件，再加上编写者的技术水平有限，不当之处在所难免，希望使用单位和个人提出宝贵意见，给予批评指正，以便在正式版中修订。

目　录

1 总则

1.0.1 本指南适用于陕西省干线公路灾害防治工程。灾害防治工程应结合路网改造工程、大中修工程、安保工程、危桥整治工程、水毁修复工程等统筹考虑工程方案，控制投资规模，以期降低成本、提高公路的综合服务水平。

1.0.2 为全面提高陕西省干线公路的抗灾能力，按照“安全、耐久、节约、和谐”的原则，贯彻“预防为主、防治结合、因地制宜、综合治理”的方针，指导灾害防治工程的勘察、设计、施工及管理。

1.0.3 灾害防治以“预防为主”，在工程规划、勘察设计阶段，即应充分考虑工程环境条件，特别是地质条件，将问题解决于设计中。施工中也应遵循客观规律，注意监测和信息反馈，必要时调整施工工艺或方案。公路工程投入运营后，特殊气候条件下应加强巡查，不良地质路段还应加强观测，发现灾害隐患及时采取对策。建立灾害预防与治理管理体系是实施“预防为主”原则的重要保证。

1.0.4 由于我省公路灾害具有点多、面广的特点，防治工程应按照灾害点的灾害特征、工程规模、危害程度，根据“先急后缓”原则，合理安排治理次序。

1.0.5 公路灾害防治工程设计，必须重视调查、勘察和试验工作，充分的基础资料是工程方案选择及设计的可靠依据。

1.0.6 地质灾害防治工程的方案选择，应在准确掌握不良地质条件的前提下进行，特别是对软弱结构面、不利产状结构面以及特殊岩土条件。在调查的基础上配合必要的勘探和试验，方可根据灾害的类型、规模、稳定性以及环境条件，选择经济、合理的综合治理方案。

1.0.7 地质灾害防治工程设计荷载包括：灾害体的自重及地面荷载，降雨入渗形成的地下水压力，地震荷载。考虑降雨时，设计暴雨强度重现期为20年。

1.0.8 沿河路基水毁灾害防治工程，本着“因势利导、治早治小”的原则，经过水文计算和冲刷计算，确定治理方案。河流洪水设计重现期为50年。

1.0.9 公路灾害防治工程设计基准期为：二级及以上公路为50年，二级以下公路为25年。灾害防治工程抗滑安全系数一般取1.15，崩塌治理中倾倒破坏工程安全系数取1.4。

1.0.10 防治工程施工应该按相关规范执行，符合项目管理程序和制度。

1.0.11 本指南中未涉及的问题可参考有关现行规范。

2 术语

2.0.1 路基边坡 Slope

路基两侧由填方或挖方形成的具有一定坡度的岩土体。

2.0.2 路基结构 Subgrade structure

包括路基形式、地质构造面及工程结构面组合、路基填料及基底、边坡岩土性质以及排水与支挡结构物等形成的结构体系。

2.0.3 特殊路基 Special subgrade

在特殊岩土地段,如黄土、冻土、膨胀土、盐渍土、红黏土、沙漠、软土、可溶岩等地段修筑的路基。通过不良地质地段或受水、气候等自然因素影响强烈的路基也称为特殊路基。

2.0.4 湿陷性黄土 Collapsible loess

湿陷是指在自重或一定压力下土体变形稳定后,再受水浸湿产生附加下沉的现象。具有湿陷性的黄土称为湿陷性黄土,一般用湿陷系数评价。

2.0.5 膨胀土 Expansive soil

含亲水性矿物并具有明显的吸水膨胀与失水收缩特性的高塑性黏土。

2.0.6 路基地质灾害 Subgrade geological hazards

由地质作用引起的或由人类工程活动使周围地质环境发生恶化而诱发的路基灾害。

2.0.7 公路水毁灾害 highway rainfall or flood disaster

公路沿线的工程设施由于受到水的作用而遭到损坏的现象与过程。

2.0.8 崩塌 Rock fall

公路边坡土体或岩体在重力或振动作用下,突然崩落、倾倒或坠落的现象。个别岩块在重力和其他外力作用下,突然向下滚落的现象称为落石,岩石风化、岩屑脱落称为碎落。

2.0.9 路基垮塌 Subgrade collapse

公路填方边坡及支挡结构物倒塌、倾倒破坏的现象。与崩塌机理类似,可归为崩塌灾害。

2.0.10 滑坡 Landslide

路基边坡土体或岩体在自然或人为因素的作用下沿一定的软弱面滑动的现象。

2.0.11 坍塌 Collapse

土层、堆积层或风化破碎岩层构成的斜坡,由于土体中水和裂隙水的作用,河流冲刷或人工开挖,使边坡陡于岩土体本身稳定坡率,产生逐层坍落的现象。

2.0.12　路基滑移 Subgrade slip

填方路基整体或局部沿原地面向下移动的现象。与滑坡有相同的机理，属滑坡的一种类型。

2.0.13　泥石流 Debris flow

挟带大量泥沙、石块的间歇性洪流，冲击路基或在路基范围内堆积形成灾害。

2.0.14　路基沉陷 Subgrade settlement

路基表面在垂直方向产生的不均匀变形。

2.0.15　路基塌陷 Subgrade collapse

因岩溶、采空区、土洞等塌陷引起路基的突然陷落。

2.0.16　灾害 Disaster

自然或人为原因导致人员伤亡和财产损失的事件。公路自然灾害是指主要由自然因素引起的公路结构物的破坏，造成公路财产损失或影响交通安全的事件。

2.0.17　灾害危险性 Hazard

公路沿线自然环境条件造成路基灾害发生的可能性，一般用致灾因子活动强度和频率表示。

2.0.18　风险 Risk

承灾体遭受损失、伤害、不利或毁灭的规模及可能性。

2.0.19　易损性 Vulnerability

承灾体的抗灾能力。

2.0.20　损失 Loss

造成的直接经济损失和对交通的影响。

2.0.21　减灾效益 Benefit

由于采取防治措施而减少的损失，包括经济效益、社会效益、生态环境效益。

2.0.22　抗滑桩 Stabilizing pile

抵抗土压力或滑坡下滑力的横向受力桩。

2.0.23　挡土墙 Retaining wall

承受土体侧压力的墙式构造物。

2.0.24　土钉 Soil nailing

在土质或破碎软弱岩质边坡中设置钢筋钉以维持边坡稳定的支护结构。

2.0.25　预应力锚杆(索)Prestressed anchor

由锚头、预应力筋、锚固体组成，通过对预应力筋施加张拉力以加固岩土体使其达到稳定状态的支护结构。

3 公路灾害类型及区域分布

3.1 公路灾害的定义

灾害是由自然因素、人为因素或二者兼有的原因所引发的，对人类社会的潜在破坏作用，超过社会正常承受能力而导致生命、财产和环境损失，甚至造成社会失衡等危害性后果，仅靠自身资源无法恢复的事件和现象。灾害的本质可以归纳出以下几点特征。

(1)灾害的自然属性：灾害发生的原动力并不是来自于人类社会，而是自然界，如地震的发生是地球内部地应力的调整，洪灾则是降水与蒸发平衡破坏所致。

(2)灾害的社会属性：灾害的社会性不仅表现在灾害的产生是人类社会发展到一定阶段的产物，而且表现在灾害是自然界物质运动作用于人类社会的结果。

(3)灾害的时空性：人类活动分布环境具有不同的时空特征，使灾害的形成因素和具体表现具有时间和空间差异，作用于不同时空的同一灾害，所产生的灾害现象与结果也不尽相同。

(4)灾害的突发性和不确定性：灾害是小概率事件，由许多不确定因素决定，以目前的科技水平，尚难以准确预报灾害发生的时间、空间和强度。

(5)灾害的连锁性与复合性：灾害常常不是以单一形式呈现，而是不同灾害类型与形式的综合。不同地点发生的各类灾害，会相互影响甚至波及扩大，形成连锁性灾害。由于人类社会产业结构的关联性增加，灾害发生呈现叠加和交替的特点。

公路自然灾害的定义：以自然因素为主，或由自然因素与人为原因的共同作用，引起公路设施的严重破坏或公路服务质量大幅度下降，甚至引起交通中断或受阻的突发性事件。公路自然灾害一旦发生，则需要通过工程治理措施才能予以恢复。

公路工程施工或运营中，由于人为因素造成人员伤亡和经济损失的事件，称为公路工程事故。

因气候等自然因素造成的公路设施损坏，但规模小、经济损失小，这类事件称为公路病害，如翻浆、小规模的路基沉陷、坡面侵蚀、小的结构物温度裂纹等。公路病害可分为：路基病害、路面病害、桥涵病害、隧道病害、支挡防护结构病害等。病害一般可通过日常养护处理。

特殊土，如冻土、盐渍土、黄土、膨胀土、软土等，所带来的灾害是多样的，灾害类型可以是路基沉陷、塌陷、翻浆、冻胀、滑坡、崩塌、泥石流等，不应单独列为一类灾害——特殊土灾害。以黄土为例，由于黄土的特性，黄土地区易发生降雨侵蚀、崩塌、路基沉陷等灾害，但不能说黄土是一种灾害。

此外，当一些问题只是影响行车速度和舒适性，并未引起交通受阻或中断时，其修复可通过常规的养护来解决，则不必作为灾害考虑，归为公路病害问题更为恰当。

3.2 公路自然灾害类型划分

现有的灾害类型划分方法比较多，但由于各种原因，在实际应用中存在着许多问题，主要表现为：

(1)因研究角度、侧重点、行业特点等方面的不同，对灾害类型的划分标准不统一。

(2)公路灾害类型划分与其他学科或行业的不一致。

(3)已有研究成果多集中在滑坡、泥石流、河流洪水灾害等几个主要灾种上，其他灾害的研究相对较少。

(4)用于灾害管理的宏观性基础研究较为缺乏。

本指南结合陕西省实际情况，通过对现有研究成果和资料的分析归纳，将主要公路自然灾害分为两大类：地质灾害和气象灾害。

我国自然灾害类型多，除这两大类，其他类型灾害也时有发生，但对公路交通的影响相对较小。

地质灾害：由地质作用引起或由人类工程活动导致周围地质环境条件恶化而引发的公路灾害。典型的地质灾害有：

(1)地震。

(2)滑坡类(滑坡、坍塌、滑塌、滑移)。

(3)崩塌类(崩塌、落石、碎落)。

(4)泥石流。

(5)路基沉陷与塌陷。

(6)隧道涌水。

气象灾害包括：

(1)暴雨、洪水灾害。

(2)冰冻雪灾。

(3)风沙灾害。

为便于灾害类型的识别和治理工程措施的选择，每一灾害基本类型可根据成灾原因、破坏形式、发生部位等，进一步的划分。

本指南主要针对公路工程中最常见的滑坡类、崩塌类、泥石流、沉陷与塌陷、暴雨洪水等灾害类型，提出相应的防治指导。

3.2.1　地质灾害

1)崩塌类

在重力和其他外力(如地震、水、风、冰冻等)共同作用下，岩土体从较陡的边坡上顺坡向下以垂直或翻滚运动形式为主的破坏。落石是单个或多个(群体)岩块在重力或其他外力作用下脱离母体或离开原位，突然从陡坡以坠落(自由落体)、滑动、弹跳、滚动或它们的某种组合方式，顺坡向下剧烈快速运动的动力地质灾害现象。

崩塌类灾害可根据块体大小分为：崩塌、落石、碎落。

根据崩塌的物质组成划分为：土质崩塌、岩质崩塌。

崩塌危岩体开始失稳时的运动形式包括倾倒、滑移、鼓胀、拉裂和错断(蒋爵光，1991 年)，2005 年陈洪凯在研究三峡危岩时根据破坏力学机制进行了危岩分类，表 3.2.1-1 据此修订，并补充了黄土崩塌。

崩塌模式分类 表 3.2.1-1

类型		发生条件及破坏力学机制	示意图
单体危岩	压剪—滑动型	边坡直立或外凸，岩性坚硬，主控结构面倾角一般在 45°以下，与边坡平行或斜交，为陡崖或陡坡内缓倾角的卸荷拉张结构面或缓倾角地层软弱面。危岩体重心在主控结构面内侧，主控结构面所受荷载主要为危岩体自重及作用在危岩体的地震力及裂隙水压力。危岩体沿着主控结构面滑移变形、破坏，呈现压剪破坏力学机理	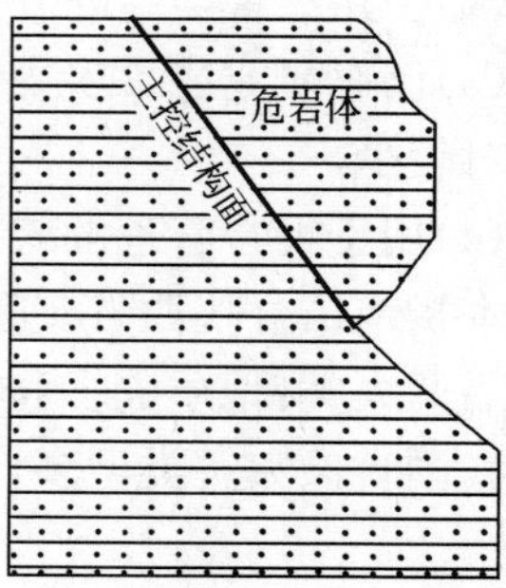 主控结构面 危岩体
	拉剪—倾倒型	边坡内凹或呈倒梯形，岩性坚硬，主控结构面倾角变化较大，一般大于 25°，多为陡崖或陡坡的卸荷张拉结构面，且主控结构面下端部潜存于陡崖或陡坡岩体内，多发生在硬质岩边坡。危岩体的重心位于主控结构面外侧是此类危岩的关键。在荷载作用下，通常围绕主控结构面的下端部或下端部与临空面的交点旋转倾倒破坏，危岩体呈现拉剪破坏力学机理	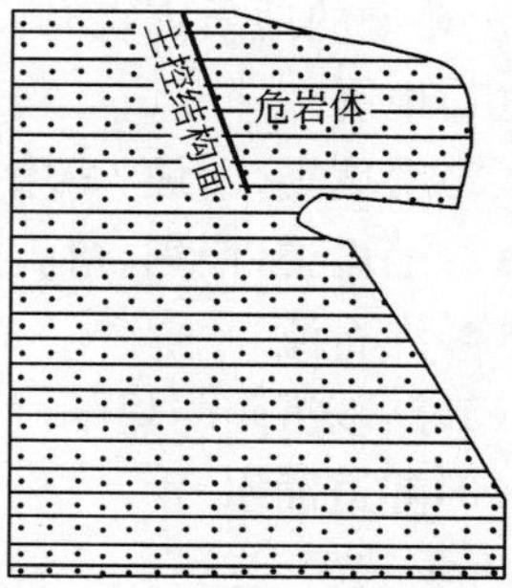 主控结构面 危岩体
	拉裂—坠落型	边坡内凹或呈倒梯形，岩性坚硬，危岩体后部为倾角大于 80°的卸荷结构面或断裂结构面，多数处于基本贯通状态；危岩体顶部为主控结构面，近于水平，其逐渐扩展贯通诱发危岩体变形与失稳坠落。危岩体在荷载作用下主控结构面拉裂是控制危岩体变形与稳定的力学机理	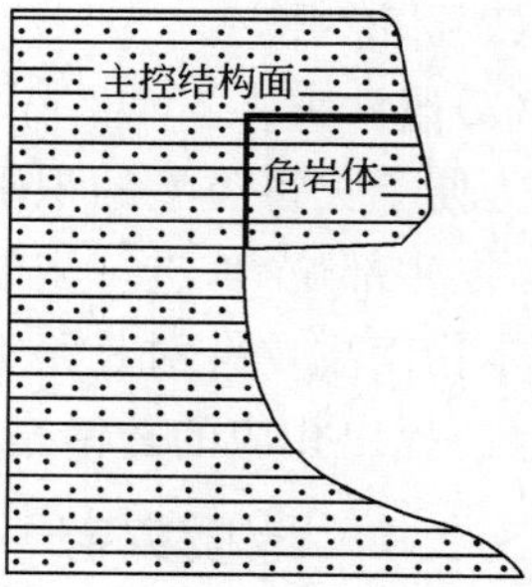 主控结构面 危岩体
	拉裂—压剪坠落型	边坡内凹或呈倒梯形，岩性坚硬，要受控于两个主控结构面，即近于水平的主控结构面一和倾角小于 80°的主控结构面二，分别属于拉裂及压剪力学机理。危岩体在荷载作用下首先是主控结构面一逐渐受拉扩展，扩展至一定程度时危岩体沿着主控结构面的滑移变形，变形达到阈值后整体失稳坠落	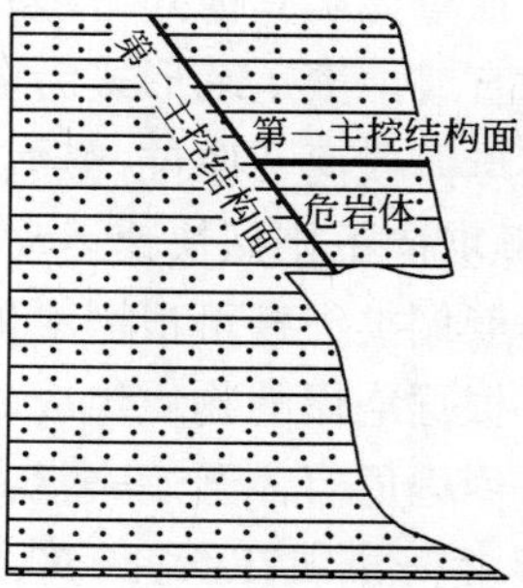 第二主控结构面 第一主控结构面 危岩体

续上表

类型		发生条件及破坏力学机制	示意图
群体危岩	顶部诱发破坏型	边坡内凹或呈倒梯形，为软硬相间岩层，主控结构面倾角一般大于70°，底部端部潜存于稳定岩体内。危岩体由多个危岩块体叠置构成，底部一块或两块危岩体的重心位于主控结构面以外且具有倾倒失稳破坏趋势。上部危岩块体的重心一般位于主控结构面以内，危岩块体之间的界面近于水平且胶结强度较低。此类危岩的关键块体为顶部危岩块体，对底部危岩块体具有反压作用，关键块体崩落或清除将劣化整个危岩体的安全状态	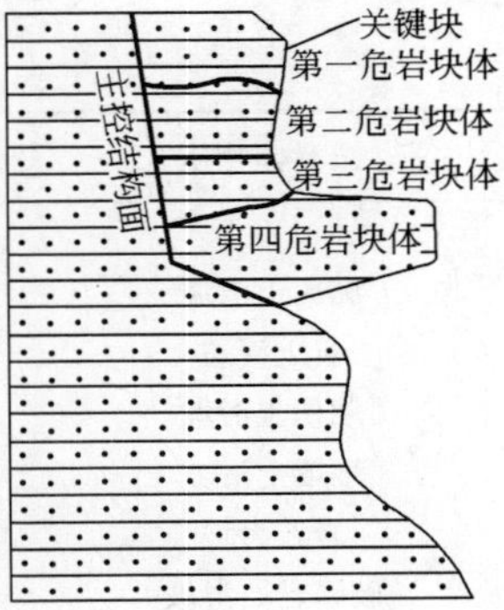
	底部诱发破坏型	边坡岩层为软硬相间岩层，危岩的主控结构面倾角一般小于70°，底部端部在陡崖或陡坡临空面出露。危岩体由多个危岩块体叠置构成，危岩块体之间的交接面倾角较小且胶结强度低，底部危岩块体为关键块体。关键块体失稳后，上部危岩块体易于连锁变形失稳。这种危岩类型符合危岩发育的链式规律	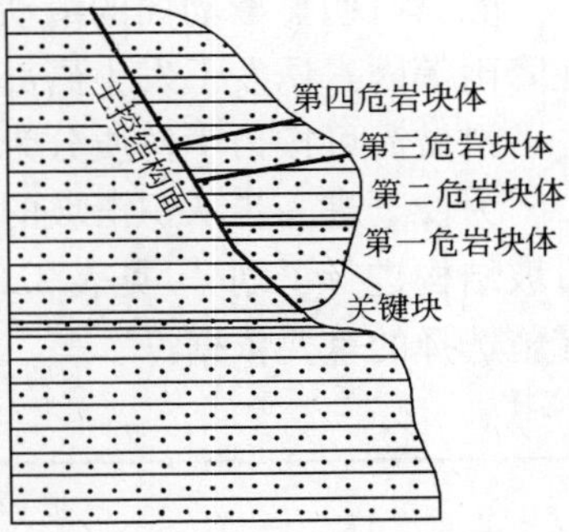
黄土崩塌	鼓胀—压剪型	上部黄土垂直节理裂隙发育，下部为近水平或外倾的基岩不整合接触面。在重力、地震、地下水的作用下，黄土底部发生错断、鼓胀，导致黄土边坡倾倒或滑塌； 此外，黄土下部软硬岩互层，其中软弱岩层风化剥落造成上部岩土体凸出，也易形成崩塌	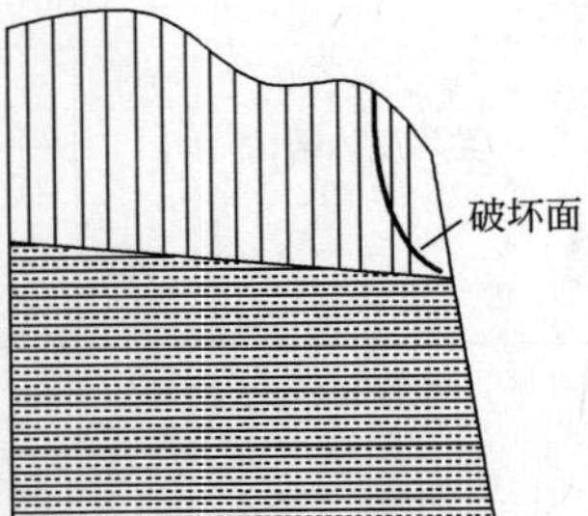

2)滑坡类

滑坡类指滑坡、滑塌、坍塌、路基滑移等以路基剪切破坏为主要形式的破坏。

坍塌是介于滑坡与崩塌之间的边坡破坏形式，多发生在土质边坡上，其力学机理仍是剪切破坏，破坏沿土体中安全系数最小的弧形面，破坏之后可能还会产生新的破坏面再次坍塌。

参考铁路工程中滑坡的三级分类方案，第一级分类标志是“组成滑体的物质”，即形成滑坡的岩土类型；第二级分类标志是“主滑面成因类型”，其中同生面即边坡结构中不存在这个结构面，而是在重力及其他影响因素作用下新产生的滑动面，如坍塌即可归为这一类；第三级分类标志是“滑体厚度”。这一分类便于认识滑坡的特点、成因及规模，简单明了。滑坡的综合分类见表 3.2.1-2。

滑坡综合分类表　　表 3.2.1-2

按滑体物质	按主滑动面成因	按滑体厚度
黏性土滑坡 黄土滑坡 堆积土滑坡 堆填土滑坡 岩石滑坡 破碎岩石滑坡	层面滑坡 堆积面滑坡 构造面滑坡 同生面滑坡	浅层滑坡(＜6m) 中层滑坡(6～20m) 厚层滑坡(20～50m) 巨厚层滑坡(＞50m)

除具有明显滑动面的滑动破坏外，坍塌、垮塌等破坏的主要原因是坡度大于其稳定坡率，在降雨等因素诱发下发生局部破坏，破坏面为岩土体最危险剪切面，即同生面。

滑坡尚可按力学性质分为牵引式、推移式、牵引推移式滑坡三种。

为便于进一步认识滑坡的破坏模式，王恭先在滑坡防治研究中根据边坡岩体结构类型对滑坡结构进行了划分，见表 3.2.1-3 和图 3.2.1。坡体结构与滑坡破坏模式的正确判断是治理措施选择的重要依据。

坡体结构类型与滑坡的破坏模式　　表 3.2.1-3

坡体结构		滑坡破坏模式
基本类型	亚类型	
类均质体结构	(a)均质黏性土结构	旋转式滑动
	(b)均质黄土状土结构	
	(c)强风化残积层结构	
	(d)类均质堆填土结构	
近水平层状结构 ($\alpha<10^\circ$)	(e)河湖相沉积层结构	切层滑动
	(f)黄土软岩层状结构	顺层滑动
	(g)软、硬岩互层结构	切层滑动
	(h)厚层硬岩下伏软岩结构	挤出式滑动
顺倾层状结构 ($\alpha\geqslant10^\circ$)	(i)黄土顺倾层状结构	顺层滑动
	(j)堆积土顺倾层状结构	顺层滑动
	(k)岩层缓倾层状结构	顺层滑动
	(l)岩层陡倾层状结构	顺层—切层滑动

续上表

坡体结构		滑坡破坏模式
基本类型	亚类型	
反倾层状结构($\alpha \geqslant 10^\circ$)	(m)缓倾层状结构	切层滑动
	(n)陡倾层状结构	倾倒—切层滑动
碎裂状结构	(o)碎块状结构	旋转滑动
	(p)碎裂状结构	顺构造面滑动
块状结构	(q)似层状结构	顺构造面滑动
	(r)眼球状结构	顺构造面滑动

3)泥石流

根据固体物质组成分为:泥流、泥石流、水石流、碎屑流,见表3.2.1-4

泥石流固体物质成分的分类 表3.2.1-4

分类	泥流	泥石流	水石流	碎屑流
物质组成	由黏粒、粉粒和少量砂砾、碎石组成	由黏粒、粉粒、砂砾、漂砾混合组成	由砾石、碎石、块石及少量砂粒、粉粒组成	以碎石、砾石、块石组成,在无水或水量很少的情况下流动

根据发生流域形态划分为:沟谷泥石流、坡面泥石流,见表3.2.1-5。沟谷泥石流可阻塞桥涵,淤埋道路。坡面泥石流分布广,但体积小,往往造成边沟淤塞,淤埋路面。

泥石流流域形态特征划分 表3.2.1-5

指标	沟谷型	坡面型
流域面积(km^2)	>1	0.1～1.0,一般小于0.5
主沟长度(km)	>2	<1.0,个别可达2.0
形态特征	沟谷形态明显,一般呈上游宽下游窄的葫芦形或勺形,支沟发育。流通区沟谷呈V形。沟床纵坡一般小于15°,卡口、跌坎,沟内滑坡、崩塌发育。沟口堆积物呈扇形	沟床短、浅、陡,沟床纵坡与山坡一致,一般无支沟。坡面有明显侵蚀、坍塌现象,堆积物呈锥形,颗粒粗大,棱角明显

4)路基沉陷与塌陷

路基沉陷与塌陷包括路基沉陷、岩溶塌陷、采空区公路塌陷等,其共同特征为变形破坏主要是垂直位移,形成路面高程上的不连续。但塌陷具有突发性,造成的危害大,分布较路基沉陷少。

路基沉陷主要包括新近堆积土沉陷、软土路基沉陷、黄土路基沉陷等,其共同特点是土体因自重、外部荷载、浸水等作用产生固结变形,变形量超过允许值,固结沉降使变形体与周边土体之间形成裂缝。

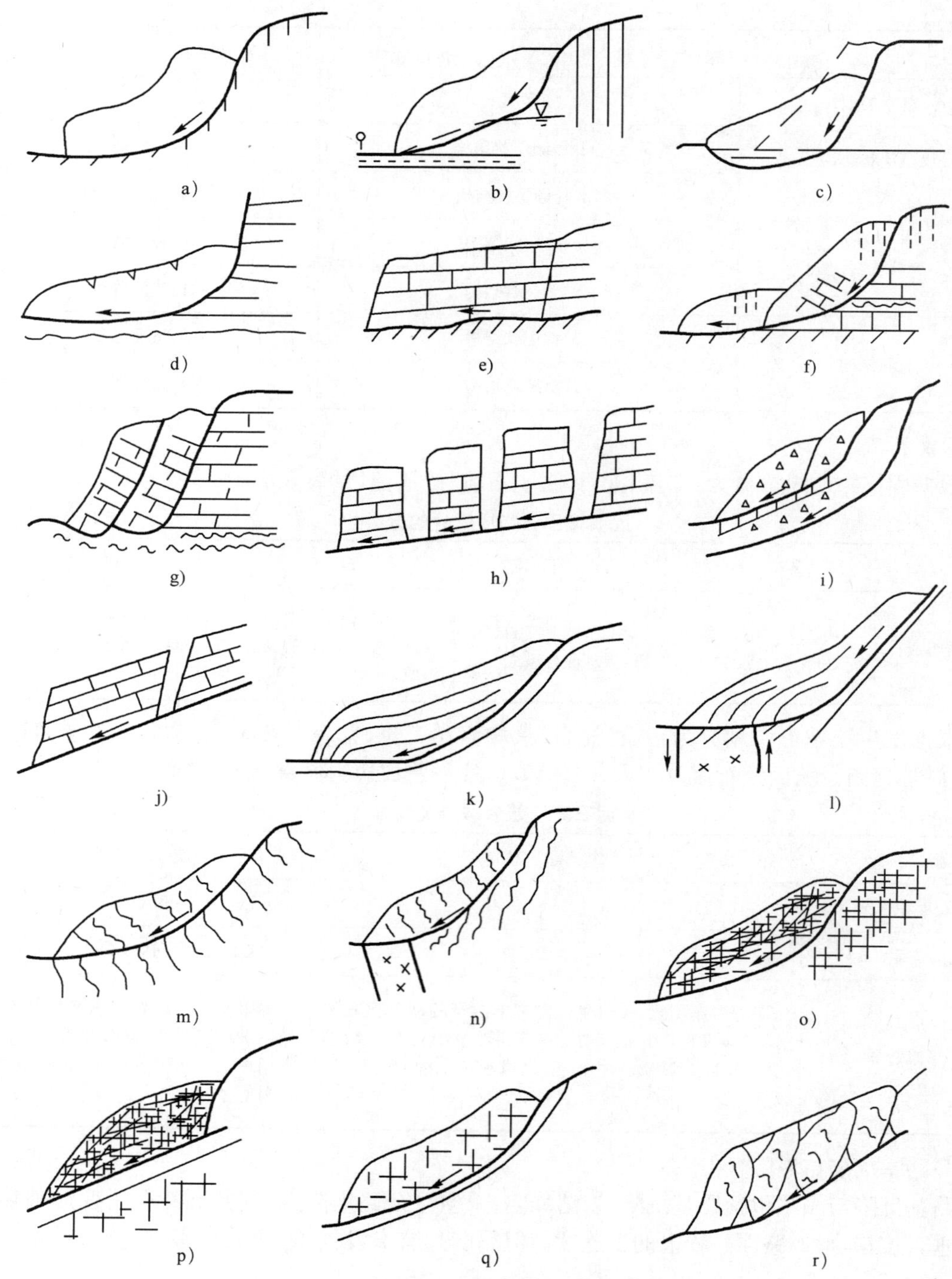

图 3.2.1 边坡结构与破坏模式

a)黏性土弧形旋转滑动；b)黄土弧形旋转滑动；c)填土弧形旋转滑动；d)土层顺层滑动；e)半成岩地层顺层滑动；f)岩层顺层—切层滑动；g)软岩挤出型滑动；h)挤出型平移滑动；i)堆积层顺层滑动；j)岩层顺层平面滑动；k)岩层顺曲面滑动；l)陡倾岩层顺层—切层滑动；m)反倾岩层切层滑动；n)反倾岩层倾倒—切层滑动；o)破碎岩层旋转滑动；p)破碎岩层顺构造面滑动；q)块状岩体顺构造面(似层面)滑动；r)构造核沿构造破碎带滑动

3.2.2 暴雨、洪水灾害

暴雨、洪水灾害包括沿河路基水毁、小桥涵水毁，坡面冲刷、淹没与浸泡等。洪水灾害主要有局部暴雨造成的山洪，汛期强降雨造成的河流洪水；此外，还有冰凌洪水、溃坝洪水、融雪洪水等。

暴雨、洪水导致的公路水毁灾害类型，划分如表3.2.2所示。

公路暴雨洪水灾害类型 表3.2.2

名　称	划分依据	灾害类型
暴雨洪水灾害	承灾体类型	大、中桥水毁
		小桥涵水毁
		路基及防护工程水毁
		边坡冲刷水毁
		路面水毁
	致灾因子类型	河流洪水灾害
		暴雨或山洪灾害
	孕灾环境类型	平原地区水毁
		山区水毁
		高原地区水毁
		其他

3.3 公路灾害类型的基本特征

3.3.1 崩塌与落石

1)基本特征

崩塌的过程表现为岩块(或土体)顺坡猛烈地翻滚、跳跃，并相互撞击，最后堆积于坡脚，形成倒石堆。

崩塌的主要特征为：下落速度快、发生突然；崩塌体脱离母岩而运动；下落过程中崩塌体自身的整体性遭到破坏；崩塌物的垂直位移大于水平位移。具有崩塌前兆的不稳定岩土体称为危岩体。

崩塌的运动形式主要有两种：一种是脱离母岩的岩块或土体以自由落体的方式而坠落；另一种是脱离母岩的岩体顺坡滚动而崩落。前者规模一般较小，从1m^3到数百立方米；后者规模较大，一般在数百立方米以上。

崩塌按照坠落物的规模、范围、大小可分为碎落、落石和崩塌等类型。碎落的块体较小，挖方边坡主要发生于松软岩石边坡，如泥页岩、千枚岩、强风化岩浆岩等；落石的块体较大，块体直径大于0.5m者较多，多发生于节理较发育的岩石边坡，节理裂隙切割形成的岩块决定了坠石的大小；崩塌的总体规模较前两类大很多。

前苏联 H. M. 罗依尼什维里教授，依据石块在坡面上的运动速度及其特有性质，将山坡划分为三种：缓坡——坡度为 0°～30°；陡坡——坡度为 30°～60°；极陡坡——坡度为 60°～90°。国内研究人员利用野外抛石试验及对崩塌、落石工点的实地观察与研究，依据石块在不同陡度坡面上的运动速度及特性，进一步将山坡细分为四种坡度地带，并对落石的运动状态作了更详细的讨论。

(1)缓坡地带。坡度为 $0° < \alpha \leqslant 27°～31°$。此为崩塌落石运动的减速地带。石块在这种坡度的坡面上，一般来说，只有在有初速度的情况下方能运动，同时运动的速度是逐渐减小的。当这种山坡坡面有足够的长度时，速度可降为零，并最终停止运动。石块从高处以急剧的运动形式(如跳跃运动等)进入缓坡地带后，其跳跃的程度将逐渐减弱，且转化为频繁冲击坡面的滚动，当这种坡面有足够的长度时，最终将停止运动。

(2)较陡坡地带。坡度为 $27°～31° < \alpha \leqslant 40°$。此为崩塌落石运动的加速或减速运动的双重特性地带。坠落岩块在这种坡面上的运动形式，将随山坡表面岩层的性质、地表覆盖层及植被的特性等因素而异。如果坠落岩块在这种坡面上，只有在具有初速度的情况下才能进行运动的话，它的运动情况将和上述缓坡地带的运动情况相似；如果岩块在这种坡面上，在没有初速度的情况下也能运动的话，它的运动形式将和陡坡地带的运动形式相似。有时候，岩块在这种坡面上由跳跃转为滚动，遇上有利地形时，又恢复跳跃。

(3)陡坡地带。坡度为 $40° < \alpha \leqslant 60°$。此为崩塌、落石运动的加速地带。岩块在这种坡度的坡面上，没有初速度也能自行运动，且运动的速度将随着运动距离的增长及坡面坡度的加大而加剧；运动形式与地形的变化有密切关系。如果开始是微带跳跃式的滚动，那么随着速度的增加，坡面坡度的加大及地形起伏的变化，岩块的运动将以跳跃的形式进行，同时跳跃的次数将逐渐增加。

(4)陡峻地带。坡度为 $60° < \alpha \leqslant 90°$。此为崩塌、落石运动带有冲击坡面的自由坠落地带。岩块在这种坡度的坡面上，没有初速度也能自行运动，且不会停止运动。运动的特性带有自由坠落的性质，对坡面具有很大的冲击力，冲击次数的多少，随着山坡的高度、陡度及坡面有无凸出部分而定。

岩土类型、地质构造、地形地貌是形成崩塌的基本条件。

岩土是产生崩塌的物质条件。不同类型的岩土体所形成的崩塌规模、大小不同。通常岩性坚硬的各类岩浆岩、变质岩及沉积岩的碳酸盐岩(如石灰岩、白云岩等)、石英砂岩、砂砾岩等，会形成规模较大的崩塌；页岩、泥灰岩等互层岩石及松散土层等，往往以落石和碎落为主。

各种构造面如节理、裂隙、层面、片理、断层等，切割分离岩体为崩塌的形成提供了边界条件。坡体中的节理越发育越易产生崩塌，与边坡走向基本一致的陡倾角构造面，最有利于崩塌的形成。因此在确定崩塌规模时，应查明坡体中发育的节理、裂隙、岩层面、断层等构造面的产状、延展性、结构面力学性质、密度等。通常，平行斜坡延伸方向的陡倾构造面，易构成崩塌体的后部边界；斜交或垂直坡体延伸方向的陡倾构造面或临空面常形成崩塌体的两侧边界；崩塌体的底界常由倾向坡外的构造面或软弱带组成，也可由岩、土体自身折断形成。

公路挖方边坡是有利于崩塌产生的部位，坡度大于 1∶0.5 的高陡边坡尤其要注意崩塌的发生。

诱发崩塌的外界因素很多，主要有地震、冻融、降雨、地表冲刷、开挖坡脚等，温度变化也会引发崩塌活动。

陕西省的崩塌灾害，可分为黄土崩塌和基岩崩塌等两种主要灾害类型。

(1)黄土崩塌：主要发生在坡度大于60°的黄土斜坡上，多是由平行于坡面的节理或卸荷裂隙发展而成。它主要分布在陕北黄土沟壑的支沟、残塬边坡，关中盆地台塬前缘、高阶地前缘。公路挖方边坡坡率较大时常造成崩塌破坏。

(2)基岩崩塌：主要发生在陡峻的斜坡地段，一般坡度大于45°，坡面多不平整，裂隙发育，主要分布于陕南山区中高山断裂破碎带和陕北黄土梁峁沟壑基岩斜坡地带。块状结构、碎裂水平层状结构岩体易形成崩塌。

2)崩塌落石灾害示例

G316线K1796+450～550的危岩体。该处边坡直立，岩性为千枚岩，软弱破碎，易风化，边坡顶部发育卸荷裂隙，间距约1m，坡面小石块易坠落，虽然该处崩塌规模小，但由于边坡陡，高度大(30m)，紧临路面，对交通危害大，如图3.3.1所示。

a)

b)

图3.3.1　崩塌灾害示例

3.3.2　滑坡

1)基本特征

滑坡是发生频繁、分布广泛、对山区公路危害最大的一种公路地质灾害。其主要危害表现为：掩埋公路、损毁桥隧及路基、中断交通、造成行车事故和人员伤亡等。一个发育完全的、正在活动的滑坡具有图3.3.2-1所示的特征。

滑坡基本特征主要表现为：

(1)滑坡在平面形态上，一般具有一定的几何形状，如椭圆形、三角形、箕形及其他几何形态或不规则形态。

(2)各类滑坡的滑体，绝大多数都是松散体或已崩解的岩体，滑动体始终沿着一个或多个软弱结构面(带)滑动，岩土体中各种成因的结构面均有可能成为滑动面，如古地形面、岩层层面、不整合面、断层面、贯通的节理裂隙面等。

(3)发生变形破坏的岩土体以整体、水平位移为主，大部分滑坡体在滑动过程中基本保持其整体性，但滑坡体内部也存在变形调整。公路滑坡的滑出方向绝大多数是与路线方向垂直

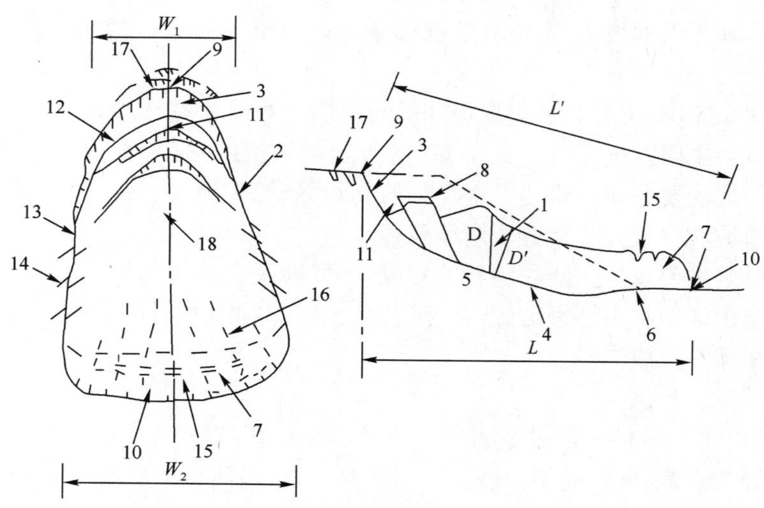

图 3.3.2-1　滑床要素平、剖面示意图

1-滑坡体；2-滑坡周界；3-滑坡壁；4-滑动面；5-滑坡床；6-滑坡剪出口；7-滑坡舌与滑坡鼓丘；8-滑坡台阶；9-滑坡后缘；10-滑坡前缘；11-滑坡洼地；12-拉张裂缝；13-剪切裂缝；14-羽状裂缝；15-鼓胀裂缝；16-扇形张裂缝；17-牵引性裂缝；18-主滑线；*W*-滑坡体宽度；*L*-滑坡体长度

或近于垂直，少数滑坡滑动方向与公路路线方向斜交。公路建设对滑动的扰动程度也直接影响失稳规模。

(4)滑坡滑动过程可以在瞬间完成，也可能持续几年或更长时间。滑坡活动基本包括蠕动变形、缓慢滑动、剧烈滑动、重新趋稳四个阶段，各个阶段的长短随滑动面的空间位置和强度及变形发生有关，一般软弱岩层滑动缓慢，坚硬岩石滑动速度快。正确判断滑坡所处阶段有利于正确评价滑坡体稳定性及选择治理方案。

(5)公路滑坡大多数是在开挖中复活，超过 90%的公路滑坡是由于公路开挖产生临空面或加载造成的。由于人类工程活动使边坡的稳定性降低或失稳，引发老的变形体复活、加剧，易形成新的变形体——滑坡复活。

(6)在公路施工中，高的填土工程由于原地面处治、边坡设计和压实技术等问题，也可造成路基滑坡。同时，路基排水不畅、积水下渗，也易引发滑动活动。

陕西省滑坡不仅分布广泛，且因不同地区自然地质条件的差异，滑坡的规模、形态、结构、物质组成、位移动力等也不一致。按滑动岩体性质和滑坡物质组成，可分为黄土滑坡、堆积层滑坡、膨胀土滑坡、岩质滑坡四种类型。

(1)黄土滑坡

黄土滑坡是发育在黄土类土层中的滑坡。陕北黄土边坡地质结构特征为：上部为不同时代的黄土，下部为泥页岩、红土、碎屑岩、碳酸盐岩、结晶岩等，其中红土、泥页岩透水性弱，浸水后易软化或泥化，在降水入渗、潜水出露条件下，黄土层易沿此软弱结构面滑移，产生滑坡。黄土地区公路滑坡多发生在因开挖揭露出基岩，或基岩顶面埋深在路基高程以下 2m 以内，或因河流冲沟切割揭露出基岩等情况下。

按滑动面与岩层关系，滑坡可分为黄土层内的滑坡、黄土与冲(湖)积层接触界面的滑坡、黄土与红土接触界面的滑坡、黄土与基岩(前第三系)接触界面的滑坡四种类型。其中发生最多的是黄土与红土或基岩接触面的滑坡。

陕西省的黄土滑坡主要分布在陕北黄土分布区，主要见于河流谷坡、黄土塬边及黄土沟壑区。

(2)堆积层滑坡

堆积层滑坡是基岩山地主要滑坡类型，滑坡体由第四系松散或相对松散堆积物(主要为残、坡积物)组成，一般厚为5～10m，少数可达20～30m。堆积层滑坡的滑动面可以是堆积层下的基岩面，也可以是坡体内任一连通的破裂面，但大多为松散堆积层与基岩面的接触界面。堆积层边坡坡体结构松散、透水性较好，而下面的基岩透水性较差，导致基岩面附近大量积水，降低了基岩顶面处岩土体的强度，致使堆积层沿基岩顶面滑动。以基岩面为滑移面的堆积层滑坡，受基岩面形状的控制，每一次剧烈滑移后，堆积体表面(坡面)形状与基岩面(滑动面)形状相似，形成所谓的正地形，此时堆积体处于稳定和超稳定状态。再次失稳后，堆积体又使其改造成与基岩面形状相反的负地形。滑坡的发展过程一般可分四个阶段，即蠕变阶段、滑移阶段、剧滑阶段、稳定阶段。滑坡发展趋于稳定是暂时的，当不平衡因素不断积累(如河流冲蚀、开挖坡脚、坡上建筑以及地表水渗入等)达到一定程度后，边坡又部分或全部沿旧的滑动面并联合局部新的滑动面再次滑动，前面的发展过程再一次重复。如此多次循环，边坡逐渐破坏。这个过程即为滑坡复活，是堆积层滑坡的一个主要动力特征。

陕西省的堆积层滑坡主要分布于陕南山区河谷两岸的坡脚。

(3)膨胀土滑坡

膨胀土滑坡多见于汉中、西乡、安康等盆地及盆缘斜坡地带，是该区斜坡变形主要方式之一。盆地内分布的膨胀土，其抗剪强度有随风化程度加深而变弱的特点，在膨胀土组成的斜坡(或人工边坡)当坡度大于15°，坡高不限，在降雨的诱发下，坡面即产生塑性滑塌。滑坡规模小，深度大多小于6m。滑面沿膨胀土体内风化影响最大深度界面产生，滑床平直，具多组滑动面，对路堑边坡和路堤稳定性危害极大。

(4)岩质滑坡(基岩滑坡)

岩质滑坡主要分布在秦岭、巴山地区，多发生在页岩、砂质泥岩、板岩、千枚岩或强烈风化的花岗岩分布区。按滑动面性质及产状其可分为两种：一为顺层滑坡，发育在顺向坡上，沿岩层层面或泥、页岩等软弱夹层形成滑动；二为切层滑坡，发育在节理发育、风化强烈的基岩斜坡上，常沿破裂结构面形成滑动。岩质滑坡的滑面切入基岩，滑床多呈折线状。滑坡特点是规模大、突发性强、速度快、位移大，如宁强高寨九洞磨沟滑坡和勉县长沟河关家院子滑坡。

2)滑坡灾害示例

(1)G316线安康段K1828+370～640庙岭滑坡

根据调查，公路主线由古滑坡中上部通过，古滑坡位于汉江一级支流出口处，古滑坡前缘和后缘地面高程介于716.0m至801.0m之间，相对高差约85m。古滑坡体横向宽约300m，纵向长约200m。古滑坡地层岩性为：滑体上部为坡残积碎石土，碎石为灰绿色，主要由千枚岩风化形成，磨圆度差，呈棱角状。其间夹较大块石，土中含少量黏性土及石英，呈松散、稍密或中密状态。

古滑体上坡残积土层中地下水丰富，滑体两侧均有多处泉水出露，地下水属潜水类型，水质较好。

如图 3.3.2-2 所示，原有公路从滑坡中上部穿过，树木发生倾斜处为古滑坡所在区域，但植被已经较为茂盛，树木高大，说明古滑坡目前总体处于相对稳定状态，但古滑体中下部临沟两侧不稳定，古滑坡体前缘有一处滑塌，古滑坡体南侧有一条状沉陷滑体，北侧有两处明显的沉陷滑体，古滑坡体中下部有许多大致与滑体平行，长约为 20～100m 的拉张裂缝，裂缝一般宽为 0.02～0.10m，主要集中在路基下边坡土坡上。公路通过的中部地段是整个古滑坡体最不稳定的地段，不仅公路通过古滑坡体两侧路基发生沉陷，而且部分路基上边坡也产生滑塌，使局部上挡墙破坏。

图 3.3.2-2　庙岭滑坡治理前实况

该地区年降水量大，雨期长，土质松软，雨水多沿坡体农田下渗，古滑坡体中部公路通过地段，由于公路修筑，部分地下水通道破坏，使得该地段地下水较为丰富，是造成土层沉陷滑移、滑坡形成的最主要原因。如图 3.3.2-3 所示，因上部农田的影响，灌溉、雨天积水，导致滑坡体内部排水不畅，中下部下滑，造成路基沉陷、支挡物破坏、路面开裂，车辆通行困难。

图 3.3.2-3　庙岭滑坡治理前破坏实况

(2)G316 线安康段 K1787+900～K1788+120 大红门滑坡

根据现场调查和分析，大红门滑坡位于汉江左岸一处巨大古滑坡体东部，目前该古滑坡体总体处于稳定状态，其上部为村庄和农田，公路沿其下部通过。滑坡横向最大宽度约为 110m，纵向长约为 126m；前后缘相对高差为 51m。滑坡地层岩性为：下部为汉江冲洪积卵砾石土，其中夹有大的漂石；中上部为坡残积碎石土，主要由千枚岩风化碎屑组成，其间夹少量大石块，含少量风化黏性土，呈松散或稍密、中密状态。

该滑坡上部为村庄和农田，由于没有截水设施，特别是目前滑坡体上公路排水设施破坏严重，降水大部分渗入滑坡体内。钻孔表明，在滑坡体中、下部未见到泉水出露，可能已沿裂隙快速排泄，但从调查情况看，地下水应较为丰富。

滑坡体前部伸向汉江，滑坡剪出口距汉江常水位 3m 左右。该滑坡周界明显，周界分布张拉裂隙，滑坡表面形态为陡坎与缓坡相间的台阶状。滑坡上部滑动面位于坡残积层与千枚岩强风化层之间，滑面碎石多碾压磨碎成土状，含水率较高，滑坡中部滑面位于强风化千枚岩中，云母含量较高，滑腻感强，遇水易软化。滑坡体出口在冲洪积层中，漂石和卵石有反翘现象。

根据调查分析，如图 3.3.2-4 所示，公路沿滑坡中部通过，上部有房屋和农田，下部沿汉江一岸。公路所在滑坡路段，路基出现坍塌和较大裂缝，挡土墙遭到破坏，路面几乎破坏殆尽，已经对车辆通行和行车安全造成严重影响。

图 3.3.2-4　公路破坏严重

3.3.3　坍塌

1)基本特征

坍塌是边坡在自然因素或人类工程活动影响下所引起的特殊地质灾害类型。其具有“滑坡”和“崩塌”两种机理和“先滑后塌”的变形破坏过程。由于其突发性和频繁发生的特点，给公路造成严重危害。

坍塌主要产生于边坡表面松散的风化破碎层，边坡的设计坡形和坡率超过了岩土体所能保持的稳定角，在风化、干湿循环和降雨作用下，或因开挖改变了地下水的渗流条件而使坡面渗水、岩土软化，从而引起边坡上部失稳。坍塌形成必须具备以下两个条件：

(1)松散的岩土边坡，坡度较大，一般大于潮湿状态下天然休止角，平均坡度为 30°～40°以上。

(2)有较丰富的降水或地表水与地下水水源。

坍塌的基本特征：

(1)坍塌发生后土体堆于坡脚，整体性完全破坏。

(2)坍塌裂缝逐次向边坡上方发展，最外一条裂缝受边坡坡度控制，一般自坡脚以上平均坡度在 1∶1.5 范围内。

(3)每次坍塌均不按固定的面移动，而是按新的不规则的面移动，一直坍塌至潮湿土层稳定为止。

(4)坍塌体下缘均在临空面以上。

(5)雨水、坡面水和地下水是诱发坍塌的重要因素，其中 90%以上直接由降雨引起。

(6)一般来说，坍塌体厚度不大，通常小于 6m。

2)坍塌灾害示例

G316 线 K1764＋700～K1764＋830 上边坡残积层坍塌，如图 3.3.3 所示。

a) b) c) d)

图 3.3.3　上边坡坍塌灾害(2007 年 4 月)

该路段上边坡出现坍塌，路段长约为150m。边坡原坡率为1∶1，坍塌体上部位移明显，地表截排水设施不完善；挡土墙损坏严重。滑塌体上的电杆2006年雨季倒塌，调查时已修复。

3.3.4　泥石流灾害

泥石流是流水携带有大量泥沙、块石等固体颗粒的特殊洪流，其以较大的重度而有别于一般洪水。陕西省泥石流灾害主要分布于陕南秦巴山区和陕北黄土梁峁区。

灾害性泥石流的主要特征表现在爆发突然、历时短、来势凶猛、冲击强烈、冲淤变幅大、沟道摆动幅度和速度大等方面，具有强大的破坏力。其对公路的危害方式主要有冲刷、冲击、磨蚀和淤埋等。

泥石流形成必须具备三个基本条件：

(1)流域中存在丰富的松散固体物质。

(2)有陡峭并呈围椅状的地形(形成区)和较大的沟床坡降(流通区)。

(3)流域的中、上游有强大的暴雨或冰雪强烈消融等形成的充沛水源。

泥石流按物质组成分为泥流、水石流和泥石流三种，其中泥石流和水石流多分布在秦巴山区，而泥流主要发育在陕北黄土高原梁峁沟壑区。

泥石流按流域形态分沟谷型和山坡型。

沟谷型泥石流也是由山坡泥石流转化形成，沟谷明显，分为形成区、流通区和堆积区；发生、运动、堆积过程完整，堆积区呈扇形或带状；规模大，一般流域面积大于1.0km^2，颗粒有一定磨圆；危害范围大，作用强烈，防治措施要强；一般发生在山坡较高的坡位，多为三面环山，一面开口的地形；流通区纵坡较大，并有多级坡坎。

山坡型泥石流沟浅、坡陡、流程短、规模小，一般流域面积小于1.0km^2；发生、运动过程沿山坡或在坡面冲沟中进行；堆积在坡脚或冲沟沟口，堆积区呈锥形，堆积物棱角明显；多发生在2/3的山坡高度处；坡体形状为桃形较多，也有长方形和椭圆形；相对沟谷型泥石流，山坡型泥石流干扰范围小，但对公路的危害较为普遍。

泥石流具有极强的塑造地貌形态的能力，常常能在顷刻之间使原有的地形发生巨变。而公路通过的山麓地带地形宽阔平坦，又是泥石流集中抛卸的地方，地形变化更为迅速和猛烈，经常造成严重灾害。

公路泥石流损毁的宏观表象可概括为四类，即桥台泥石流损毁、上部结构泥石流损毁、泥石流淤埋桥涵和泥石流损毁路基。

3.3.5　路基沉陷与塌陷灾害

路基沉陷一般发生在填方路段或半填半挖路段的填方侧，路基沉陷发生的宏观原因具体可以归纳为：

(1)新填筑路基下地基在自重压力或附加压力作用下沉陷。

公路路基形式有填方路基、挖方路堑、半填半挖路基，填方路基又分为高填方路基和一般填方路基。但填土路基不论填筑高度的大小，其沉陷均由两部分组成：一是新填土的自沉；二是新填筑路基下老地基的沉陷。对湿陷性黄土地段的路基沉陷而言，第二部分沉陷是整个路基沉陷的主要原因。

(2)新填方路基压实度不足，导致在车辆反复荷载作用下发生沉陷。

(3)排水构造物渗漏,或由于路基填筑阻断地表径流形成局部积水,水分渗入路基或地基导致黄土湿陷。

各类排水构造物的损坏渗漏,都可能引起局部黄土的湿陷。对于黄土路基而言,涵洞的损坏渗漏与路基沉陷的关系最密切,由于涵洞横穿路基,渗漏更容易引起填土局部湿陷。

(4)黄土山区,半填半挖路段填方侧沉陷。

处于山岭重丘区的半填半挖路基,从横断面来说属于异性断面路基,从理论上讲无论采取什么方法,一般其填挖部分均难达到同等强度形成整体。因此,实际使用过程中,路基可能会沿原坡面处出现裂缝或下沉,形成路基一侧的沉陷,造成路面颠簸不平甚至断裂。

(5)处于不稳定边坡区域的山区路基整体沉陷。

因为机械开挖导致山体人为扰动,或路基本身处于天然滑动面上,在重型汽车荷载反复作用下导致坡体滑动,引起路基整体沉陷,沉陷不均匀导致路面断裂。

(6)采空区地面塌陷。

采空区地面塌陷主要分布于陕北及渭北煤矿区。由于采空区塌陷,在神(木)府(谷)、黄陵、铜川、蒲(城)白(水)、韩城矿区地面形成裂缝密集带,大片地面下陷,局部出现陷坑。

3.3.6 暴雨洪水灾害

1)坡面冲刷

边坡降雨冲刷,主要出现在无防护的土质边坡、风化严重的岩石边坡。植物防护的边坡也会出现程度轻微的冲刷,但对边坡坡面的完整与稳定影响不大。

当公路边坡的坡度较大,大于坡面冲刷起始坡度,在降雨量或降雨强度较大时,未加防护的土质边坡、散状结构的岩石边坡及表面风化严重的岩体边坡出现冲刷破坏的可能性很大,将引起水土流失和边坡坡面的环境恶化,在边坡坡脚形成堆积,堵塞边沟,甚至掩埋路面。

公路边坡降雨冲刷的研究重点是:冲刷破坏的影响因素与严重程度、各类防排水措施的减轻冲刷效果等。

坡面冲刷的严重程度主要取决于地表单宽径流量和土的可蚀性等因素。前者决定于降雨强度和汇水面积,后者决定于土的性质。对于土质边坡,较强的降雨条件下都会出现较为明显的冲刷,冲刷程度随土性的不同而变化,但这种变化的幅度不足以引起冲刷程度的本质改变。因此,可以认为降雨强度较大的地区,达到一定高度的土质边坡均应采取相应的冲刷防护措施,否则,坡面冲刷危害很难停止。

风化花岗岩区,边坡表面如同砂质边坡,从表面冲刷作用看,属于散状结构,可看作粗砂。

从水土流失角度看,公路边坡水土流失是局部的。边坡上的泥沙被搬运至坡脚后,坡度减缓,甚至到达平地,泥沙就堆积在平坦处不再移动,只有少量泥沙最终进入河道。在工程实际中所能见到的坡面冲刷严重的现象,多出现在施工期和无防护边坡的运营期。

挖方边坡坡面的冲刷沟最大深度可达0.50m以上。在填方边坡上,填土时的包边土往往呈松散状态,在没有进行坡面防护时的冲刷可能很严重,冲刷的厚度一般不超过包边土的厚度。路基边坡经过削坡和防护后,可增强坡面的抗冲能力。防护后的边坡冲刷一般很轻微,对稳定性影响很小。冲刷侵蚀造成的主要危害是水土流失、破坏环境和景观,影响坡面表面的局部稳定。

根据边坡冲刷的形态,可分为如表 3.3.6-1 中所示的几种形式。

边坡侵蚀的主要形式 表 3.3.6-1

营力类型	侵蚀方式	侵蚀形态
水力	面蚀	溅蚀、片状侵蚀、鳞片状侵蚀
	沟蚀	细沟侵蚀、浅沟侵蚀、切沟侵蚀、冲沟侵蚀
	潜蚀	碟形洼地、陷穴、水刷窝穿洞、冲蚀穴
水力与重力	泥流	泥流坡、泥流扇
	泥石流	黏性泥石流、稀性泥石流

2)沿河路基水毁

沿河路基水毁的原因一般有如下几点:

(1)路基高程偏低,造成洪水期的淹没与冲刷。

(2)河道行洪条件和水情变化,导致洪水超过设计流量和设计水位。

(3)河湾凹岸冲刷、局部地形变化引起的顶冲或斜冲。

(4)峡谷段或河道压缩形成的集中冲刷。

(5)河槽摆动造成的冲刷和冲击。

(6)下游河道的桥梁、滚水坝等建筑物造成壅水过高,回水淹没路基。

(7)沿河公路设计等级、标准偏低或者设计不合理,容易遭受洪水的侵袭;或者缺少必要的防护构筑物,造成公路路基汛期的自身安全、稳定性不足。

除此之外,由于路基冲刷防护建筑物的水毁或水毁后未及时修复,其防护的功效降低或者丧失,也会导致其防护范围内的沿河路基发生水毁。沿河公路路基水毁形态见表 3.3.6-2。

沿河公路路基水毁形态 表 3.3.6-2

承灾体		原因	形态
沿河公路	路基	冲刷、撞击	路基全毁或部分损毁,路基边坡坍塌、滑移
		浸泡	路基沉陷
			路基坍塌、滑移,路基坡脚处的岸滩变形
		淹没、淤埋	路肩缺口;路基坍塌;路基过湿,强度降低,影响行车
	路面	淹没、冲刷	淹没浸泡导致路面结构松散
			水洗路面、冲毁路面
小桥涵		堵塞	水漫路面
			结构破损、失稳,或冲断路基
		冲刷	基础冲刷导致结构破坏
			进出口冲毁
防护构造物		撞击	全部损毁,或局部破坏

3)小桥涵及排水沟渠破坏

山洪是造成小桥涵及排水沟渠水毁的主要致灾因子。山区小流域洪水暴涨暴落,常挟带大量泥沙和石块,具有很强的冲击和冲刷作用力,对山区公路的小桥涵及排水沟渠的安全构成威胁。小桥涵及排水沟渠的过水断面不仅要满足排洪输沙的要求,还需进行基底与壁面的加固防护,防止冲刷与渗漏。小桥涵破坏形式见表3.3.6-3。

小桥涵的水毁类型可根据致灾特点分为三类:淤积破坏、冲刷破坏和渗漏破坏。

小桥涵破坏形式 表3.3.6-3

小桥涵破坏形式	破坏原因
进口淤积	涵洞进口各边沟汇流排沙,导致涵洞进水口排沙不畅,造成涵洞进口淤积
出口急流槽衔接开裂	涵洞出口处常与急流槽衔接,连接处开裂,易造成渗漏和冲刷,导致坡面破坏,涵洞出口破坏
涵洞淤塞	临河涵洞,泥沙倒灌,引起淤塞
淹没破坏	涵洞过流、输沙能力弱,进出口均被淹没,导致破坏
进口翼墙坍塌	边沟水流引排至涵洞时,衔接不完善,导致进口翼墙坍塌破坏
出口铺砌冲刷破坏	涵洞出口段铺砌厚度和长度以及消能措施不能满足要求,导致铺砌体冲刷破坏

小桥涵一旦发生严重淤堵或水毁,轻则水漫路面,破坏路基路面,重则小桥涵及路基被冲毁,从而中断交通。因此,小桥涵水毁是公路水毁防治的重中之重,应引起高度重视。

4)浸泡

浸泡指由于较长时间的高水位,使路基路面受到长期或间歇性的浸泡所导致的水毁。沿河路基长期遭受水流的作用,由于受到水的浮力、侧向压力、渗透压力及冲刷作用,造成路基水毁。

5)淹没

淹没指由于路面设计高程不够或因公路压缩河道导致局部壅水高度过大,引起洪水漫溢路面,水流沿路线纵向冲刷,冲毁路面、路基。

3.4 陕西省公路灾害区域分布

陕西省不同地区的地质自然条件和公路交通状况有较大差异,因此各地区的公路自然灾害类型、发育程度以及对公路交通设施的破坏损失程度也不同。根据陕西省自然环境的基本特征,将全省分为三个区域:陕北黄土地区、关中盆地、陕南秦巴山区,如图3.4.1-1所示。三大自然环境区的条件差异悬殊,区域内公路灾害类型复杂,发生频率及危害程度等有较大的区别。

陕北黄土地区,海拔高程为900～1 500m,黄土滑坡与黄土湿陷为主要地质灾害类型;中部关中盆地为近东西向延伸的新生代断陷盆地,海拔高程300～800m,主要灾害为洪水、沉陷和崩滑等;陕南秦巴山区,海拔高程为1 000～3 000m,山高坡陡、沟谷深邃、水系发育、降雨充沛、植被繁茂，气候属北亚热带湿润气候区，多暴雨，现代地质作用强烈，主要灾害为滑坡、崩塌、泥石流和洪水。

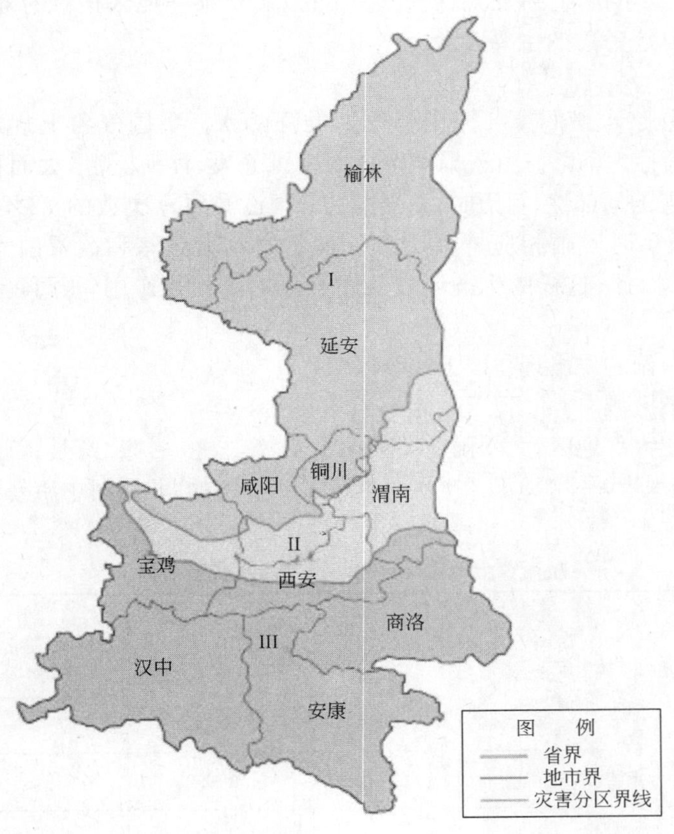

图 3.4.1-1 陕西省公路灾害区域划分

3.4.1 陕北黄土地区-I

1)自然环境条件

陕北黄土地区是典型的以梁、峁、沟壑等地貌为主的黄土高原地区，林草覆盖率低，地表裸露较为明显、生态条件差；同时又是典型的半干旱地区，雨水是宝贵的自然资源，但由于陕北的地形、地貌特征和植被条件特殊，涵储和截留雨水的功能较差。因此，这样的生态环境条件与强降水相互作用，极有可能导致汛期洪水涨落迅速、峰高量大、来势汹涌，造成区域的洪水灾害和严重的水土流失，成为我国西部地区公路边坡灾害发生最频繁的地区之一，而降雨是陕北黄土高原地区公路边坡灾害发生的关键气候因素之一。

(1)降雨特征

黄土高原的年平均降雨量为 200～650mm，由东南向西北，年降雨量逐渐减少，年际分布不均匀，主要集中在每年 5～9 月的汛期。汛期雨量，往往以高强度的暴雨形式出现，引起严重的土壤侵蚀。

汛期雨量占年雨量百分数的地区分布，具有从南向北逐渐增大的趋势，由南部关中平原的50%～60%，向北逐渐递增至70%以上，越往北，发生洪水的时间越集中。汛期雨量占年雨量的百分数，反映降雨的不均匀性，在某种程度上，可以反映某一地区相对的降雨强度，因此，可以说是公路排水设计应考虑的主要因素。

(2)暴雨特征

导致黄土山区公路水毁的主要原因是汛期的强降水。我国气象上规定：24h 降水量为 50mm 或以上的降雨称为暴雨。由于暴雨造成的山洪暴发，江河泛滥，大面积积水，称为暴雨洪水。陕北黄土地区的局部性、短历时、高强度的暴雨占暴雨总次数的72%，由西向东，短历时暴雨逐渐减少，长历时暴雨相应增多。由于陕北的地表涵储和截留雨水功能差，不能调节径流，减小流速。因此，这样的生态环境条件与强降水相互作用，很可能导致严重的洪水灾害。

陕西省北部大暴雨主要出现在以下几个区域：

①黄土高原沟壑区域

该区域包括陕北大部地区，大暴雨主要集中在安塞、志丹、甘泉、富县、黄陵、宜君、白水、澄城、洛川、延安、延川一带，平均每年 0.1 次。如表 3.4.1 中的“北洛河中游暴雨区”和“延河、清涧河暴雨区”。

陕西黄土地区暴雨中心及其降水特征指标 表 3.4.1

暴雨中心区	暴雨中心点	年最大 60min 降雨 (mm)		年最大 1 440min 降雨量 (mm)	
		年平均	极值	年平均	极值
北洛河中游暴雨区	黄陵、洛川、黄龙	28～32	110.7	55～65	307.9
延河、清涧河暴雨区	延安、子长	27	68.9	60～70	406.0
无定河中上游暴雨区	榆林、韩家峁、纳林河	27	85.6	55～65	1 440.0
河(曲)神(木)暴雨区	皇甫、神木、高家梁	25～28	84.0	50～65	408.7

②陕北东北部区域

该区域是陕西省第二个多大暴雨区。以神木、子洲为中心，平均每年 0.2 次，榆林、绥德、吴堡、佳县等平均每年 0.2 次，陕西省历史上最大的暴雨就出现在该区域。

所谓暴雨中心，是指最易发生暴雨且强度最大的地方。在暴雨中心的公路洪水灾害频繁。

(3)地貌特征

黄土高原的地貌类型主要有塬、梁、峁及各类沟谷，共同构成了各种地貌类型区。在黄土塬部分区域，因塬面平坦，侵蚀较弱，水流向沟谷集中，土壤侵蚀类型以沟蚀为主，沟蚀量占流域侵蚀总量的80%以上；晋西、陕北等黄土丘陵区域，即使谷间地面积较沟谷地稍大，侵蚀类型仍然是以面蚀和沟蚀为主；六盘山以西的陇中地区，谷间地面积较大，坡地的坡度小，坡长大，坡面侵蚀特别严重；靖边、定边、环县、固原、海原和定西等地，在黄土丘陵的发展历史过程中形成各种地貌类型，有的已被沟谷切割，或目前正在逐步遭受溯源侵蚀影响，发生破涧侵蚀，形成了黄土高原中、北部区域的独特侵蚀地貌。

(4)地质特征

黄土是黄土高原土壤侵蚀的主要对象。其粒度组成以粉砂为主，结构疏松，卸荷裂隙和节理都很发育，遇水 1～2min 即全部崩解。黄土的岩性特征有很明显区域变化，一般是北部地区黄土的相对可蚀性大于南部 1～3 倍，这是引起黄土高原侵蚀强度南北差异的重要原因。北部和西北部地区黄土的湿陷性普遍高于东部和东南部，由湿陷引起的洞穴侵蚀类型区域分布特点与之适应。而且，产生黄土自重湿陷与降雨量多少关系极大，因而湿陷发生的频率以绥德—延安和秦安—天水一带最高。黄土根据地层的不同，分为午城黄土(Q_1)、离石黄土下部(Q_2)、离石黄土上部(Q_2)、马兰黄土(Q_3)、次生黄土(Q_4)。其中 Q_1、Q_2 黄土强度高，比较稳定，Q_3 黄土发生崩塌灾害较多，Q_4 黄土发生坍塌与滑坡灾害较多。不同地质时代黄土地层中，晚更新世马兰期黄土的抗蚀性最差，早更新世午城黄土较好，有石质黄土之称，中更新世离石黄土居中。马兰黄土分布最广，对工程的影响最大。

2)陕北公路灾害类型

陕北黄土地区公路灾害类型主要有：泥流、坡面侵蚀、边坡失稳以及路基沉陷等。由于黄土的水理性质差，遇水崩解，抗冲蚀性能低，马兰黄土具有湿陷性，在重力和水的作用下易引发各类路基灾害。

(1)泥流

泥流是指密度达 1.3～1.8t/m³ 以上不夹石砾的特殊流体，在黄土地区以泥流为主，见图 3.4.1-2。泥流形成是由于斜坡的黄土土质松散，当具有渗水性较小的下卧层时，黄土土体在地下水或地下水与地表水相互作用下浸润，使土体饱和形成塑性流动。它可能诱发其他灾害，使边坡出现崩坍或滑坡等更严重的灾害。黄土地区的泥流有稀性泥流(流体密度为 1.3～1.5t/m³)、黏性泥流(流体密度大于 1.5～1.6t/m³)和塑性泥流(流体接近土的塑限)三种，前两种出现的几率较高，后一种相对较少。

a)

b)

图 3.4.1-2 泥流

泥流主要分布在皇甫川、孤山川、窟野河、秃尾河、无定河、北洛河、延河及泾河支流东河等流域的丘陵沟壑区。该区地形起伏大，地表切割强烈，其泥流在规模及危害程度等方面远较其他区域严重，有些泥流在汛期甚至变成了“泥河”和“浆河”。

在黄土地区的诸多支沟中，由于每年的7～9三个月降雨集中，一旦沟道上游和两侧有充足的松散堆积物时，常会暴发泥流。稀性泥流的危害尚不太大，但其携带的泥团、石块等常会造成桥涵和排水沟渠的淤堵，导致排水系统的功能下降或丧失，进而引发路基或边坡灾害。黏性泥流可能带出体积为1～2m^3的泥块，危害很大，堵塞桥涵、排水系统和掩埋路面，造成交通受阻。由滑坡演变而来的黏性泥流，则会大面积地破坏公路。

(2)坡面侵蚀

坡面侵蚀是指降雨及其形成的坡面径流破坏坡面表层土体的现象。其物理本质就是坡面水流对土体的搬运，即坡面浅表层土颗粒在坡面流水动力作用下，从脱离母体到流失的过程，包括破坏、起动、运动和沉积四个环节。在降雨的作用下，其最初的侵蚀方式是雨滴的击溅作用(雨滴侵蚀)，产流初期为片流侵蚀，然后是小股水流侵蚀和沟蚀，相应地形成了溅蚀麻坑、鳞片状斑痕、细沟、浅沟和冲沟等侵蚀形态。

黄土地区公路边坡易发生降雨侵蚀破坏，尤其是路堑边坡、土路肩及路堤边坡顶部，如处理不当、边坡无植被或未采取工程防护措施，很容易产生侵蚀破坏。其破坏方式包括：坡面大量水土流失；边坡冲沟、冲蚀坑等；路堤坡脚冲刷、路肩冲蚀缺口等。严重的降雨侵蚀使边坡不完整，影响边坡稳定，往往造成泥沙阻塞边沟、淤埋路基路面。边坡坡面侵蚀以及雨水入渗往往引起边坡崩塌、溜滑、滑坡等病害。

对于坡面侵蚀，在不同的黄土地段，由于其自身的土性及所处的气候、地形、地貌等条件的差异，则经常表现为不同的侵蚀形态，主要有雨滴侵蚀、层状侵蚀、蜂窝状侵蚀、沟状侵蚀、陷穴等几种形态，如图3.4.1-3所示。

①沟状侵蚀

坡面上径流集中到一定程度后，流量、流速增加，冲刷能力增强，从而形成沟状侵蚀。冲沟深度与坡度坡长都有关系，坡度越大，流速越大，冲沟的数量少，沟深和沟宽都比较大；坡面越长，冲沟比较细小，且密集。根据不同的发展阶段，可分为如下几种：

a.细沟侵蚀阶段

常在暴雨之后形成，主要是地表漫流的层状水流，在流量加大后，便汇集到地表小凹槽内，使径流的侵蚀力加大，冲蚀形成细沟，一般宽深约数厘米。

b.串珠状侵蚀阶段

这是细沟侵蚀后沟状侵蚀的第二阶段，由于细沟水流的汇入，在若干条细沟的下部，由于流量的汇合，将一条细沟逐渐冲刷扩大，宽深可达数十厘米。由于土质的不均匀性，形成沿沟而下的一连串互不相通的跌坎，跌坎下部形成水坑，其后缘壁陡、光滑，平面上多呈圆形，似牛蹄印。

c.切沟侵蚀阶段

若干条串珠状细沟汇合之后，流量、流速增加，对坡面的冲刷作用更为剧烈，侵蚀形成切沟。坡面上的切沟断面常呈“V”字形，深可达0.5～2.5m，宽多为0.1～0.8m。在切沟侵蚀阶段，由于下切较深，沟壁土体临空卸荷产生平行冲沟方向的裂缝，在暴雨期间常产生崩塌，加剧了坡面破坏。

a) b)

c) d)

图 3.4.1-3 黄土坡面侵蚀形态

a)蜂窝状侵蚀;b)黄土边坡表层侵蚀;c)细沟侵蚀;d)串珠状侵蚀与切沟侵蚀

②陷穴

由于黄土遇水湿陷,侵蚀扩大后,在土体内形成空洞,上部土层塌陷而形成陷穴。从陷穴发生的位置来说,可分为下面三种情况:

a. 塬地边缘或台地下缘积水的地方,雨水冲蚀下渗形成空洞。

b. 沟头跌水平台及人工削坡的施工平台,也常因积水下渗、冲刷形成陷穴。黄土粉粒含量越多,陷穴越常见。

c. 地道状侵蚀也是一种常见的陷穴,常隐蔽于地下,径流可由此通过,仅进口和出口明显出露于地表。

(3)边坡失稳

对于黄土地区的公路高边坡和高路堤,由于边坡较高、坡角过大或土的力学指标过低以及防排水设施不够完善等原因，在降雨作用下，产生局部失稳，或沿土体中软弱面滑动引起滑坡，尤其在黄土与第三系红层古风化壳的接触带附近，最容易发生滑塌、滑坡。而在黄土地区的公路挖方边坡中，若挖方边坡的坡面在施工完成后不进行有效的防护，则可能在降雨冲刷侵蚀作用发展到一定阶段后，在坡脚或边坡下部发育形成冲刷性坍塌。若未及时对这种冲刷性坍塌进行有效的处理，任凭冲刷侵蚀继续发展，边坡的坡率将变得比设计坡率更大，边坡因而可能由稳定转为不稳定。在暴雨或长时间降雨的作用下，该路堑边坡将发生失稳破坏。

黄土地区公路边坡失稳破坏主要存在崩塌、滑坡和坍塌等破坏形式，尤其是这种边坡坍塌在陕北黄土地区的公路中普遍存在。

①坍塌

黄土坍塌灾害是指黄土斜坡，特别是高陡斜坡在自然因素或人类工程活动影响下所引起的特殊黄土地质灾害类型，见图 3.4.1-4。

a)

b)

图 3.4.1-4　黄土边坡坍塌

已建公路上边坡坍塌较多，一般发生在雨季，其主要原因是边坡坡率大，在降雨等外界因素影响下土体失去稳定性。它与滑坡的标志性区别在于坍塌没有事先的破坏面，滑坡则一般沿软弱的结构面滑动。坍塌虽然单点规模小，但沿线数量可能很多，给养护管理带来沉重负担。削减坡率是防止坍塌的根本措施，完善边坡排水和防护也是有效的工程选择。

②崩塌

黄土地区公路高边坡形成后暴露于地表，受到各种外部营力的作用。当坡度超过其临界坡度时，可能发生崩塌。黄土垂直节理发育，而层理不明显，因而在天然状态下边坡能保持直立，形成陡峻而壮观的黄土崖壁。由于黄土的垂直节理明显、黄土冲沟深切、边坡高陡、土质疏松，在重力和潜蚀作用下，特别是坡度过陡的情况下，易发生黄土边坡崩塌。按其生成的原因和位置来分，可将黄土边坡的崩塌分为如下几类：

a. 陡坡崩塌

由于集中的径流长期冲刷，造成坡面植物的破坏以及沟底的逐年掏蚀，加之人工削坡，斜坡逐渐变陡，一旦超过其临界坡度，便会引起崩塌。

b. 沟头侵蚀崩塌

在黄土沟道的沟头，往往形成很高的陡坎，上游水流下跌后，在陡坎下部形成深坑，在水流冲蚀和重力的双重作用下，沟头陡坎倒坍。

c. 冰冻作用

平缓坡地或靠近深沟陡壁的积水处经冰冻后裂开，再遇径流灌入裂缝，也能形成崩塌。在黄土陡坎的地下水出口处，在冬天因冰冻而封往出口，造成陡坎内的地下水位升高，在春融时，造成崩塌。

③滑坡

滑坡的产生原因主要是由于黄土的强度下降引起土体稳定性平衡的破坏。大型滑坡常发生在松散结构或湿陷性黄土层中，在新黄土中也会出现小型滑坡，滑坡多发生在老黄土和岩土间出现不整合倾斜接触面处，该黄土本身稳定性差，遇水作用或其他条件如地震、施工大爆破等作用下，极易产生土体滑坡。

黄土边坡体中存在古土壤、红黏土、砾石层、黄土与基岩接触面等。由于它们的存在，黄土边坡呈层状结构，或"上土下岩"的二元结构。虽然黄土地区地下水较少，但黄土层中的砂层透镜体与具有隔水意义的古土壤层、黄土中的砾石层或黄土高阶地下的砂砾石层与下伏的第三系红黏土或泥岩、页岩，可以组成较好的含水系统，这将严重影响到边坡的稳定性，是形成滑坡的常见条件。

④路基沉陷

黄土因其特殊的大孔隙、垂直节理发育等结构特性，强渗透和遇水崩解的水理特性，干时强度高、浸水后强度明显降低的强度特性，造成路基常出现路堤下沉、坡面冲刷、边坡滑塌或滑坡、冲沟侵蚀路基等工程病害。特别是湿陷性黄土质地疏松，大孔隙和垂直裂隙发育，富含可溶盐，浸水后结构迅速破坏而发生显著的附加下沉，工程病害更是经常发生而且强烈。

黄土路基各种病害的发生与水的关系密切；路堤沉陷除施工压实不足外，常是路基下洞穴塌陷、路线通过冲沟时沟底地基湿软、冲沟溯源侵蚀路基等原因造成的；雨水造成坡面冲刷、滑塌，河流冲刷坡脚或地下水软化坡脚引起滑坡；地下水位较高造成路基软化和冻胀翻浆。因此，黄土地区进行公路建设和公路灾害治理必须重视排水问题，包括地表排水和地下排水。

在陕北黄土地区，水是边坡破坏的重要原因。在水的作用下，黄土崩解分散成细小的颗粒，进而被水推移运动，造成边坡坡面形成大量的小冲蚀槽、陷坑、洞穴等，日积月累，这些小冲蚀槽、洞穴等逐渐加深、扩大形成黄土冲沟，进而引发坍塌、滑坡等灾害，导致整个坡体失稳。因此，设计完善的公路排水系统是防止边坡破坏最直接、最有效的方法。

为防止公路因水的作用导致各种病害及水毁的发生，需根据公路沿线的降水和水文地质等具体情况，设置必要的地面排水、地下排水、路基边坡排水等设施，并与沿线桥涵配合形成良好的排水系统。边坡排水设施主要有：截水沟、排水沟、急流槽等。在加强排水的同时，结合支挡加固等工程措施综合防治。

3.4.2　关中盆地-II

本区地跨陇县、凤翔、扶风、兴平、临潼、华县、华阴、潼关、大荔等县，呈近东西向展布，该区地形主要以关中平原为主；区内绝大部分地形坡度小于8°，切割密度小于0.1km/km²，切割深度小于100m；年降雨量为600～800mm，大部分地区暴雨日数为2.5～6.5d/年，只有潼关附近暴雨日数为6.5～12.8d/年；岩石主要为砂岩、砂砾岩，多呈中厚层状，为泥质、泥钙质胶结，岩性软弱，力学强度低，风化严重；天然抗压强度为3～37MPa，软化系数为0.14～0.56；地表土体类型主要以湿陷性黄土为主。

陕西省中部关中盆地主要灾害为路基沉陷、洪水灾害以及滑坡。

由于地形平坦、广泛分布有Q_3黄土，再加上农业灌溉，公路路基沉陷问题较普遍。

类似的，由于地势低，纵坡小，河流行洪受阻后易造成上游壅水，形成淹没灾害。

本区崩滑流并不发育，只是在黄土台塬边缘，因灌溉等原因出现黄土滑坡，公路一般可绕避。

3.4.3 陕南秦巴山区-III

陕南秦巴山区横跨秦岭、大巴山两大地质构造单元，地域广阔，地质构造错综，岩性多变，地形深切，结构复杂。滑坡、崩塌、泥石流、洪水等灾害严重，同时，各种灾害类型叠加，造成灾情升级。

1）自然条件

从大的地貌形态上看，陕南秦巴山区位于秦岭北侧山前断裂以南的广大地区，以山地为主，间有盆地分布。地势大致西高东低，南北高，中间低。汉江横贯中部，以北为秦岭、陇山山脉，以南为大巴山脉，以中山为主，中低山和低山丘陵次之，具有山地面积大、沟壑密度大、地面坡度大、河（沟）床比降大、相对高差大等特点。斜坡上缓下陡，侵蚀作用强烈，边坡稳定性差。

（1）降水

该区跨暖温带与北亚热带，属海洋性向大陆性过渡气候，气候温暖，雨量充沛，年降水量为800～1 200mm，降雨强度随地势增高而增加。高程低于1 000m的低山、盆地地区年降水量为800～900mm，高程为1 000～3 500m的中山区年降水量为900～1 200mm，高程在3 500m以上的高山区从9月到翌年5月为降雪期，年降水量为1 000mm。降雨主要集中在每年7～9月，常以连续降雨、大雨和暴雨形式出现；降雨的时空分布极不均匀。降雨量基本上是川道少于山地，低山少于高山。降水主要集中在每年夏、秋两季，占年降水量的70%～80%。冬、春两季很少。

滑坡发生最主要的诱发因素是降雨。降雨强度对滑坡发育敏感性影响大。持续降雨及暴雨是区内滑坡形成的重要因素。持续降雨增加地下水水量，增强地下水活动，使岩（土）体含水率增大，坡体重量增加，同时降低岩、土体强度，使其摩擦力和内聚力减小，导致斜坡失稳，产生滑坡。

（2）岩性及地质构造

该区主要属于秦岭—昆仑巨型纬向构造体系的组成部分，主体是走向东西的强烈挤压带，由一系列紧密褶皱和压性断裂组成。新生代构造凹陷与山系相间出现，圈层构造地貌相当清晰，新构造活动迹象明显。其中新生代断凹大大小小十余个，沿长期活动带或复杂的断裂带分布，在一定地区表现有等距性。大体以周至—石泉南北一线为界，长轴呈两个方向展布，一为NE向，有徽县—凤县—太白带、汉中—洋县带、西乡带；一为NW向，有石门带、洛南带、商县—丹凤带、山阳带、漫川关带、旬阳带、石泉—安康带。这种分布显然受南北向挤压所产生的剪切活动所控制。由于新构造运动强烈，导致侵蚀、剥蚀作用显著，河流深切，谷坡陡峻，斜坡稳定性差。

基岩多裸露，变质的泥质碎屑岩(片岩、千枚岩、板岩)、泥岩、岩浆岩等广泛分布；松散土主要有膨胀土等。

变质岩片理、裂隙发育，岩性软弱，风化剧烈，变质岩中片岩、千枚岩、板岩广泛分布于秦巴山区，由它们组成的斜坡极不稳定，对滑坡发育的敏感性高；侵入岩包括各期侵入的花岗岩类、闪长岩及辉长岩等，节理裂隙发育，风化剧烈，侵入岩在陕南山地广为出露。

膨胀土分布于西乡、安康等山间盆地。岩性以棕红、棕黄色黏土、亚黏土为主，夹透镜体灰白色、黄绿色黏土及钙质结核，一般厚度从数米到20m，胀缩性强弱不一，以弱膨胀土为主。膨胀土干时缩裂，湿时膨胀，风化裂隙带一般为2～6m，遇水后极易产生塑性形变。其他松散土包括沿河滩堆积的亚砂土、亚黏土、砂砾石及陕南山地的坡、残积含碎石亚砂土、亚黏土等，岩性均极疏松，厚度从数米至数十米。在膨胀土组成的斜坡易出现滑坡等灾害。

(3)河流特征

秦岭山脉为黄河流域与长江流域的分水岭，秦岭山地的水系甚为发育，且以主脊为界分属长江流域的汉江、嘉陵江和黄河流域的渭河、南洛河等水系。其中，汉江水系集水面积占61.2%，渭河水系占23.9 %，嘉陵江占8.9 %，南洛河占5.8%。秦岭南坡的丹江、旬河、乾佑河和金钱河为汉江支流。这几条河流与它们的支流构成了本区河网密布，河谷发育的特点。

河流水系的网络形态、组成和河谷特征，受地质构造影响显著。秦岭山体呈北仰南俯，西高东低的总趋势，使区内河流多呈自西向东的纬向流动，河网分布南北两坡极不对称。秦岭南坡河道较长，主要河流的流程均在100km左右，最长的可达200km以上；河谷比降多在10‰以下。秦岭南坡河网结构比较复杂，格状、树枝状和不对称水系均有分布。河谷平面形态多为宽谷与峡谷交替。宽谷河段河床比降小，沉积和侧向侵蚀作用明显；峡谷段一般为侵蚀河床，下蚀作用强烈，河谷狭窄比降大。秦岭北坡河流短小，流程多在50km以内，河谷比降多在10‰以上，形成了谷短坡陡的现象。河谷横断面形态为“V”、“U”形复式重叠，下部多为“V”形，中间常呈“U”形，上部则较为宽敞。沿流程峡谷与曲流交替，峡谷口多分布着山麓洪积扇和洪积锥。河流曲折多呈钩钓形水系。

陕南秦巴山区发源于秦岭南坡属于汉江水系的干、支流众多，主要河流有旬河、丹江、子午河等。

旬河是汉江在秦岭南坡的一条主要支流，河长218.1km，向来有“八百里旬河”之称。旬河包括东、西两条干流：东干流称为乾佑河，乾佑河的支流较多，由于受地质构造条件的影响，两岸多为花岗岩，河床为砾石，河道弯曲，水流湍急。河床比降为1/200～1/300，当洪水来时，能把上游的砾石和泥沙冲下来。省道S102和国道G210线部分路段地处该流域内；西干流是旬河，也称为西旬河。旬河的纵剖面，在镇安县内比降大，比降达30%以上的河段长达51km，约占总河段的55%，因此，水流湍急，常流速一般为1～1.5m/s。由于在这段流量倍增，侵蚀力更强，对沿河公路路基形成较大威胁，受该河流影响的主要为国道G210线的部分路段。

丹江又名州河，是汉江在秦岭南坡最大的一条支流。丹江在陕西境内的河段长度为249.6km，从河源至区界高差为1 184.8m，比降为4.75%，流域面积为7 510.8km^2，约占全流域面积的40%，多年平均径流量为18.6亿m^3，河床质为砂、砾石。由于川塬周围的土石丘陵和低山水土流失比较严重，支流含沙量比较大，特别是在洪水季节，携带大量的泥沙，当流出丘陵或低山以后，随着沟床坡度的减小，流速变缓，把携带的泥沙和砾石等堆积在丹江两岸的低阶地上，造成河床压缩，冲毁路基。国道G312线在商县、丹凤县内的部分路段沿丹江而行。

子午河是汉江在秦岭南坡一条主要的支流，子午河全长160.8km，流域面积为3 012.2km^2，多年平均径流量为14.15亿m^3。从河源到河口，比降平均为1.15%。由于在雨季，河水流量大增，从山上滑下的碎石常堆积河道中，压缩了过水断面面积，造成水流掏蚀和冲刷路基，致使道路发生水毁。国道G210线宁陕—石泉部分路段及国道G108线佛坪段的部分路段，处于子午河流域。

(4)地下水

陕南山地片岩、板岩、千枚岩等软弱岩层分布地区，坡、残积层较厚，常在其接触面上有泉溢出，能酿成滑坡等灾害。

2)公路灾害类型

该区主要灾害类型有：滑坡、滑塌、崩塌、泥石流、路基沉陷以及沿河公路水毁。

根据调查资料分析，主要地质灾害类型有：滑坡、滑塌、崩塌和泥石流等。

(1)崩塌

崩塌是山区公路主要地质灾害之一，该区内岩体节理裂隙（构造节理、风化节理、卸荷裂隙、人工爆破裂隙）和地层层理（多数地层为中、薄层状）发育；岩石风化作用（主要是物理风化）较强烈，特别是软弱的千枚岩和片岩，易风化破碎，碎落较为严重；由于许多路段沿河谷或山坡展布，许多路基上边坡人工开挖不仅高，而且陡峭，易形成崩塌灾害。每年雨季，特别是暴雨，极易引起岩体或块石崩落，造成车毁人亡，或堆积阻塞交通。

(2)滑坡

该区的地理环境特殊，水系发育，沟谷深切，地形破碎，斜坡陡峻，自然地质条件复杂，地表外动力过程极其活跃，有利于重力地貌的形成与发展，尤以滑坡发育最突出，危害很大。区内滑坡发育而且活动频繁，是斜坡变形、破坏的主要方式之一，对工程建设危害极大。

滑坡类型及其特征：

①堆积层滑坡

堆积层滑坡是基岩山地主要滑坡类型，滑坡体由第四纪松散堆积物（主要为残、坡积物）组成，一般厚为5～10m，滑面为松散堆积层与基岩面的接触界面。

②岩质（基岩）滑坡

岩质（基岩）滑坡主要分布在秦岭、巴山地区。多发生在页岩、砂质泥岩、板岩、千枚岩或强烈风化的花岗岩分布区。岩质滑坡滑面切入基岩，滑床多呈折线状。特点是：规模大，突发性强，速度快，位移大。

③膨胀土滑坡

多见于汉中、西乡、安康等盆地及盆缘斜坡地带，是该区斜坡变形主要方式之一。膨胀土组成的斜坡（或人工边坡），当坡度大于15°，坡高不限，在连续降雨的诱发下，坡面即产生塑性滑塌。滑坡规模小，数量多，成群分布。滑面沿膨胀土体内风化界面产生，滑床平直，具有多组滑动面，对路堑边坡和路堤稳定性危害极大。

岩质滑坡和堆积层滑坡主要分布于陕南低山、丘陵及低中山区。

(3)坍塌

坍塌基本分为两大类，即岩石类坍塌与坡残积层坍塌。

①岩石坍塌

边坡较陡时，坡脚不稳定或遇暴雨易产生坍塌。坍塌主要地层岩性为软质岩层，如千枚岩、片岩、泥页岩等，坍塌体一般岩石节理裂隙发育、风化破碎。

②坡残积层坍塌

岩性较复杂，主要风化岩石为：千枚岩、片岩和少量板岩。

坡残积层坍塌多发生于坡度相对较缓，一般坡度为 25°～30°，少数边坡坡度大于 30°。地层岩性相对较复杂的边坡，主要有：坡积碎石土，以风化岩石碎屑为主的边坡遇水易坍塌；残积低液限含碎石黏土，风化层碎石含量较少，有些甚至不含碎石，结构较松散，遇水也较易产生坍塌；红黏土为中—弱膨胀土，该类土结构致密，多分布于古滑体中上部或高阶地处，出露较少。由于该土层下伏地层多为河流相(二元结构)土层和坡残积土，当坡脚开挖时，较易产生坍塌。

(4)泥石流

千枚岩地层岩性较易风化，在坡面形成大量风化千枚岩碎屑，风化碎屑堆积物厚度在坡面下部较厚、上部较薄。风化堆积物较松散，无胶结，碎屑含量高，细粒土含量较少，为泥石流的产生奠定了丰富的物质基础，遇水极易产生流动。坡面汇水面积较小，由于人为破坏，植被稀少，多数坡面上无植被覆盖。易风化的千枚岩经强风化形成大量的松散岩石碎屑，是泥石流产生的物质基础。

(5)路基沉陷

该类灾害在陕南山区路基灾害中较为普遍。多发生在半填半挖的路基和填方下边坡，主要原因有：

①地表截排水系统破坏导致地表水下渗，增加路基填料重度，并软化路基填料，形成地下潜流，带走细小颗粒；在车辆动荷载的作用下，使路基发生不均匀沉降，并导致路面破坏。

②地下水作用，在局部路段岩土体中地下水较丰富，施工未进行有效疏排，从而导致路基沉陷。

③填挖交界处处理不好，压实不佳，从而造成路基沉陷。

(6)洪水灾害

在陕南山区，不少路段与河道并行，一面傍山，一面临河，很多路基是半填半挖或全部为填方筑成。填方多由开山废渣填筑，尽管填方中有大量的大块石构成路基边坡，但未作冲刷防护加固措施，这样的填方路基边坡，在一般洪水条件下，因水位较低，流速不大，坡脚块石较大，坡脚边坡也较平缓，能够抗御洪水冲刷而保持路基边坡的稳定。但在较大洪水条件下，水位较高，流速较大，而边坡上部的块石又较小，且含有不少岩屑和土壤，坡度也较陡，因此边坡中的岩屑、土壤和小块石被冲走后，大多造成路基坍塌，出现很多缺口或半个以上路基被毁。在公路路基的水毁中，这类水毁占多数。

陕南秦巴山区的路基水毁灾害主要有：路基防护结构物冲毁，形成路基缺口；路基边坡滑塌、路基下沉；路堑地段多塌方、石质松软地段甚至发生山体滑塌，导致中断交通；水沟、涵洞淤塞，水上路面，引起路基路面毁坏等。

导致沿河公路水毁的原因主要有：河湾凹岸冲刷导致沿河路基挡土墙或边坡水毁；水流顶冲或斜冲造成路基挡土墙破坏；因河流断面压缩造成水流变化引起路基水毁；路基高程过低，致使洪水位超过路面，水流沿路面形成纵向冲刷，冲毁路基路面；坡面排水不利和坡脚冲刷引起的滑坡和路基坍塌等。

沿河公路水毁路段的特点：

①开阔河段的河湾多数半径较大、河床较宽、水流散乱，易造成股流顶冲路基、桥涵引起水毁；峡谷河段的弯道半径较小且比降大、水流速度快，造成严重的冲刷和壅高，可能导致水上路面，引起路基路面水毁严重。

②桥梁、涵洞等排水构造物等压缩河槽过水断面或泄洪能力差。因桥涵孔径过小、排泄洪水和输送泥沙的能力较差，或过多的压缩河流过水断面，而被水流冲毁。对于由泥石流引发的路基桥涵水毁，需要增大路基、桥涵的抗冲能力、排洪能力，必要时修筑一些拦沙坝和消能防护工程，减缓或阻止其对公路桥涵的冲击力。

③沿河公路路基防护构造物多为石砌挡土墙防护、石砌挡土墙与护坦配合防护形式，若设置合理，均能达到较为满意的防护效果；少数路段采用石砌挡土墙与单丁坝配合防护的形式，防护作用不够明显。

4 灾害等级评价标准

灾害的危害程度可用灾害等级描述。灾害等级研究的主要目的是为了区分灾情的大小，以便更好地进行灾情评估和分级管理。

对于已发灾害，灾害等级的划分是管理部门了解灾情、制订抢险方案的重要依据。在灾害防治工程中，灾害等级可作为投资决策、治理方案选择的依据。对于灾害的预测预警，灾害等级是采取相应处理对策或制定应急预案的重要依据。

灾害等级是根据灾害发生的频率、危害程度划分的。发生频率、危害程度一般通过历史资料，运用数理统计的方法确定，这是相对可靠的办法。

本指南根据可比性、可操作性、可传递性原则，分别从灾情等级和灾害规模等级两个方面，建立公路灾害等级划分标准。灾情等级注重对灾害结果的评定，以伤亡人数和直接经济损失作为指标，无论哪种灾害均以这两个指标统一评判灾情严重程度，更适合对已发灾害的评价。而对公路潜在自然灾害，并未造成人员伤亡或直接经济损失，为贯彻预防为主的方针，建立潜在灾害等级评价标准具有重要实践意义。根据各灾害类型的成因机理，分析病害体的规模和发生灾害可能性的大小，从而评价该隐患点可能造成破坏的规模，为灾害防治提供参考。灾害一旦发生，估计直接经济损失时也要首先评估破坏规模。两种等级评价的目的不同，可相互补充。

本指南中崩塌灾害等级划分实质是危险性分级，其余灾害类型只进行了规模分级。

4.1 灾情等级划分标准

灾情等级主要是针对区域灾害总体损失及影响程度的宏观描述，不是各具体灾种的强度与规模的反映，因此各类灾害的灾情等级应该是统一的，通常以人员伤亡和经济损失数量为指标，参照国土资源部门关于灾情等级划分如下。

(1)小型：死亡失踪人数＜3 人，或直接经济损失＜100 万元。

(2)中型：3 人≤死亡失踪人数＜10 人，或 100 万元≤直接经济损失＜500 万元。

(3)大型：10 人≤死亡失踪人数＜30 人，或 500 万元≤直接经济损失＜1 000 万元。

(4)特大型：死亡失踪人数≥30 人，或直接经济损失≥1 000 万元。

需要说明的是，该灾情等级是指一次灾害过程影响区域内的人员伤亡和经济损失总和。

对于省级、市级公路管理部门进行灾害管理与评价时，由于公路工程的灾害损失主要是经济损失（包括直接经济损失和间接经济损失），对应的灾情等级标准应以经济损失为主要指标，根据各地的实际情况建立相应的等级划分标准，与全国范围的灾情等级标准相比，有所不同。例如，陕西省汛期的一次暴雨过程，可能造成降雨区域内若干个地市的公路交通设施受灾，省公路管理局与地市公路管理局对灾害损失的统计在两个不同层面，应该考虑到二者的差异。根据陕西省近 30 年来公路灾害损失资料以及陕西省气象灾害（主要是暴雨、洪水灾害）变化规律的分析归纳，可将陕西省公路灾害的灾情等级，按经济损失数量和路网交通影响范围的频率，进行如下分级：

1)省级(陕西省公路局)

(1)一般强度灾害：损失数量为1～3年一遇，对全省路网交通几乎没有影响。

(2)中等强度灾害：损失数量为3～5年一遇，对全省路网交通的局部区域有影响。

(3)严重强度灾害：损失数量为5～10年一遇，对全省路网交通的部分区域有明显影响。

(4)极严重强度灾害：损失数量为10年一遇以上，对全省路网交通的有明显影响。

据表4.1-1陕西省公路历年水毁损失分析，陕西省公路自然灾害中，与2002年、1987年、1981年相当的为“极严重强度灾害”，直接经济损失一般为数亿元；与1998年、2000年、1994年相当的为“严重强度灾害”，直接经济损失约1～2亿元；与1992年、1995年、2006年相当的为“中等强度灾害”，直接经济损失约0.5～1亿元；与1991年、1993年、2001年相当的为“一般强度灾害”，直接经济损失约0.5亿元以内。

陕西省公路历年水毁灾害损失表　　表4.1-1

年　份	经济损失(亿元)	1981年以来排序	备　注
1981		3	
1983		4	
1987	>3	2	未经过价格折算
1991	0.39		
1992	0.93	10	
1993	0.54		
1994	1.29	8	
1995	0.81		
1996	1.01	9	
1997	0.37		
1998	2.64	6	
1999	0.53		
2000	2.09	7	
2001	0.66		
2002	6.921	1	
2003	7.35		渭南市水库淹没
2004	0.91		
2005	4.77	5	
2006	0.92		

2)市级(地市公路管理局)

(1)一般强度灾害:损失数量为3年一遇,对全市路网交通有轻微影响。

(2)中等强度灾害:损失数量为3～10年一遇,对全市路网交通的部分区域有影响。

(3)严重强度灾害:损失数量为10～20年一遇,对全市路网交通的区域有比较明显的影响。

(4)极严重强度灾害:损失数量为20年一遇以上,对全市路网交通有严重影响。

县公路管理段对公路灾害等级进行评价时,可参照上述分级原则,结合本地区实际情况确定。

对于具体灾种的灾害强度与规模,可以采用灾害规模等级的划分进行评价。本指南主要针对公路工程中最常见的滑坡、崩塌、坍塌、泥石流、路基沉陷、暴雨洪水灾害类型,进行灾害规模等级划分与评价。

4.2　崩塌与落石等级评价标准

崩塌体的势能用公式表示为:

$$E=\sum_{i=1}^{n}m_i g\Delta h_i \tag{4.2-1}$$

式中:E——重力势能(J);

m_i——各个岩块质量(kg);

g——重力加速度(m/s^2);

Δh_i——各个岩块发生崩塌的平均落差(m)。

由于公路工程中常用土石方数量来代替质量,将式(4.2-1)修正为:

$$S=\sum_{i=1}^{n}V_i\Delta h_i \tag{4.2-2}$$

式中:S——崩塌规模;

V_i——各个岩块的方量;

其他符号意义同上。

根据崩塌方量、平均落差将崩塌规模进行分级如表4.2-1所示。

崩塌规模分级指标　　表4.2-1

崩塌指标	小　型	中　型	大　型	特大型
崩塌方量(m^3)	<100	100～1 000	1 000～5 000	>5 000
平均落差(m)	0～10	10～30	30～50	>50

值得说明的是,小崩塌量若落差很大,也会造成严重的危害。

由于公路交通基础设施的崩塌灾情大小与交通量密切相关,现有的地质灾害等级划分并没有考虑交通量的影响,故不能直接应用于公路崩塌灾害评价。在崩塌体积相同的条件下,等级越高的公路由于其交通量大,受阻的车辆也相应增多,造成人员伤亡和车辆损毁的可能性也大，则崩塌灾害等级越高。对于国道、省道，由于交通量大，灾害对交通的影响更为敏感，较小的灾害可能产生较大的影响。考虑交通量因素，为便于和灾害四级划分对应，在评价崩塌等级时将交通量分为四级，分级界限值以二级公路交通量为中等交通量，其他参考公路等级交通量划分标准分级如表 4.2-2 所示。

崩塌灾害中交通量指标分级

表 4.2-2

崩塌指标	小交通量	中等交通量	大交通量	超大交通量
交通量(辆/d)	0～5 000	5 000～15 000	15 000～25 000	＞25 000

公路崩塌灾害既与崩塌规模有关，又与交通量有关，必须综合两者的因素才能有效划分灾害等级。本指南采用对数函数定量表示灾情大小：

$$G=\lg(V\Delta HT) \tag{4.2-3}$$

式中：G——灾度(度)；

V——崩塌方量(m^3)；

ΔH——平均落差(m)；

T——该公路路段上将各种汽车折合成小客车的年平均日交通量(辆/d)。

根据灾度概念，可以用量化指标“度”来表示公路崩塌灾害的等级，以甬台温高速公路山体崩塌为例，其灾度 $G=\lg(V\Delta HT)=\lg(15\,000\times50\times60\,000)=10.7$度(数据参考浙江新闻在线网站《甬台温高速公路山体崩塌抢险纪实》：崩塌方量 $V=15\,000\text{m}^3$，落差 $\Delta H=50\text{m}$，当日交通量 $T=60\,000$ 辆)。

为了定量区分崩塌灾情大小，便于崩塌灾害管理，按照可操作性原则进行灾害等级划分，结果见表 4.2-3。

崩塌灾害等级

表 4.2-3

灾害等级	灾度 G(度)	备注
特大灾	≥8.1	
大灾	5.1～8.0	
中灾	3.1～5.0	
小灾	≤3.0	

这种划分方法计算公式简单，又能够快速评估灾情。崩塌方量是工程计量的主要依据，可以通过现场目估或简单测量进行估算，而准确的交通量数据也可以方便地得到，所以，对管理部门快速进行灾情评估和制订抢险方案很有帮助，符合可操作性原则。

4.3 滑坡与坍塌等级评价标准

4.3.1 滑坡等级划分

滑坡等级划分的目的是建立灾害评价标准，同时也为勘测、稳定性分析及治理工程方案选择提供依据。滑坡规模可用厚度和体积划分见表4.3.1。

滑坡规模等级划分　　表4.3.1

分类标准	名称类别	特征说明
滑体厚度	浅层滑坡	滑坡体厚度在6m以内
	中层滑坡	滑坡体厚度为6～20m
	厚层滑坡	滑坡体厚度为20～50m
	巨厚层滑坡	滑坡体厚度超过50m
滑坡体积	小型滑坡	$<1\times10^4\ m^3$
	中型滑坡	$1\times10^4\ m^3\sim30\times10^4\ m^3$
	大型滑坡	$30\times10^4\ m^3\sim100\times10^4\ m^3$
	特大型滑坡	$>100\times10^4\ m^3$

滑坡造成的公路交通灾害大小不仅取决于滑坡本身的规模及所处的发展阶段，还取决于公路与滑坡的相对位置以及公路等级。当公路位于滑坡体上或滑坡体前缘附近，滑坡体的滑动造成交通中断，出现路基下沉、滑移、开裂、掩埋等现象，此时灾害的大小与滑坡规模成正比。当公路位于滑坡体后缘之上，滑坡体的滑动可能造成路基出现缺口或轻度的开裂、滑移，可通过修建路肩墙，抗滑挡土墙等措施修复，造成的公路损失较小。公路等级高，固定资产投入多，交通量大，遭受同等规模滑坡破坏造成的损失大。

所以公路滑坡灾害的灾度应根据滑坡规模，结合公路与滑坡体的位置关系、交通量、治理方案的工程投入等综合分析判定。

4.3.2　坍塌的等级划分

坍塌是汛期公路常见边坡灾害类型，多发生在土质边坡，或风化层较厚的岩质边坡坡顶。坍塌主要是由于公路挖方坡率大于岩土自然稳定坡度，在降雨、冻融、地震等诱因下发生破坏，破坏后边坡综合坡度变缓，趋于稳定坡度。可见，坍塌灾害与滑坡具有明显不同的成因机理。

每年汛期发生小的坍塌很多，在100m³以下的塌方，由公路养护部门清除塌方即可，对交通的影响也较小，一般不作统计。通过对四川省、陕西省近几年的公路边坡坍塌统计分析发现，边坡坍塌数量大部分在12 000m³以内。小于5 000m³的阻车时间一般不超过48h，大部分在24h内可恢复通车。阻车时间与工程量相关性不大，这是因为阻车时间不仅取决于工程数量，还受路基宽度、有无便道、机械数量、施工危险性等因素影响。

目前，社会上对交通阻车的反应强烈，交通部门提出在汛期要确保公路畅通，对公路服务质量提出了更高要求，各级公路管养部门克服了种种困难，尽量缩短边坡灾害引起的阻车时间，小于1 000m³的坍塌一般在12h之内完全可以通车；5 000m³以内的坍塌无特殊情况时，通过抢险可在12h内通车，少数情况需24h才能恢复交通。大于5 000m³的，可能阻车3d以上。

综合以上数据分析，按工程量可将公路边坡坍塌等级分为以下四级，见表 4.3.2-1。

坍塌灾害等级 表 4.3.2-1

灾害等级	坍塌规模(m^3)	备注
小型	<1 000	
中型	1 000~5 000	
大型	5 000~20 000	
特大型	>20 000	

由于坍塌规模大于 20 000 m^3 的多数为滑坡灾害，坍塌灾害等级主要为前三级。日常管养的重点为较低等级的灾害，大的灾害只能通过专项工程治理，对边坡进行综合工程加固，才能防范。

公路灾害发生后，最紧迫的任务是抢通。对灾害规模与强度的评定也应该是简便快速的，需要在短时间内对灾害的性质、规模做出较为准确的判断，而多指标的评定往往难以在短时间内做出较为明确的结论。公路边坡的坍塌方量是工程计量的主要依据，可通过现场简单的测量进行估算，见表 4.3.2-2。因此，用工程数量进行灾害等级划分是合理的，且简便快捷。

以上是对单点公路边坡坍塌灾害的等级划分。一次暴雨过程，往往引发路网内的多处坍塌，有些路段可能很严重，而有的则轻微，这就需要对路网的灾害等级有一个总体认识。由于路线长度不同，不便用总的工程量直接进行比较，用点塌方量等级也不能准确地反映路线的总体受灾情况。根据分析研究，可以用平均里程坍塌方量将路线边坡坍塌进行等级划分，里程的起终点以第一个坍塌点到最后一个坍塌点计算。

路线坍塌灾害等级 表 4.3.2-2

灾害等级	坍塌规模(m^3/km)	备注
小型	<100	
中型	100~750	
大型	750~1 500	
特大型	>1 500	

用本方法可以反映各路段的边坡坍塌灾害的规模与强度，而边坡灾害的致灾结果则可通过具体的灾害损失评估工作来实现。

4.4 泥石流等级评价标准

可以根据一次泥石流(可能)最大冲出量、泥石流频率、流域面积、沟道长度、流域最大相对高差等参数，进行泥石流灾害规模等级的划分，具体分级见表 4.4。

沟道泥石流作用强度分级　　表 4.4

指　标	轻　微	一　般	强　烈	极强烈
一次泥石流(可能)最大冲出量(10^4m^3)	≤1	1～10	10～100	≥100
泥石流发生频率(次/年)	<1	1～5	5～10	≥10
流域面积(km^2)	≤0.5	0.5～10	10～35	≥35
主沟长度(km)	≤1	1～5	5～10	≥10
流域最大相对高差(km)	≤0.2	0.2～0.5	0.5～1.0	≥1.0

4.5 路基塌陷与沉陷等级评价标准

路基沉陷的等级评价参考《公路技术状况评定标准》(JTG H20—2007)中的规定并作相关补充,具体情况如下。

轻微:长度小于 5m,深度小于 30mm。

严重:长度为 5m～10m,深度为 30～50mm。

极严重:长度大于 10m,深度大于 50mm。

4.6 暴雨、洪水灾害等级评价标准

按承灾体类型,暴雨洪水灾害包括:(1)大、中桥水毁;(2)小桥涵水毁;(3)路基及防护工程水毁;(4)边坡冲刷水毁;(5)路面水毁。

本指南主要针对小桥涵水毁和沿河路基水毁提出等级划分方案。

4.6.1 小桥涵水毁等级

根据桥涵水毁对交通的影响程度,将水毁等级分为四级。小桥涵水毁等级见表 4.6.1,还可根据直接经济损失划分,同时考虑对交通的影响程度及修复难易程度。

小桥涵水毁等级划分　　表 4.6.1

水毁等级	等级名称	特征现象
一级	轻微	基本完好,有少量淤积或出口有轻微冲刷
二级	较严重	出口铺砌局部被毁,或消能设施被毁
三级	严重	出口铺砌大部被毁,危及小桥涵安全,但尚未影响行车道安全
四级	极严重	洪水冲毁涵洞墙被路基或翻越路基,或涵洞主体结构部分损毁,或严重淤积,涵洞不能正常运行,交通受阻或中断

桥梁水毁等级对应我国桥梁技术等级合并分为四级，具体情况如下。

轻微：一、二类桥梁。

较严重：三类桥梁。

严重：四类桥梁。

极严重：五类桥梁。

例如，当洪水造成桥梁损坏，达到四类桥梁技术水平，则该桥水毁灾害等级为三级，即严重。

4.6.2 沿河路基水毁等级划分

由于沿河公路水毁灾害的主要表现形式是路基损毁，引起交通受阻或中断。所以，可以根据沿河公路点单元的路基损毁程度（如路基水毁的宽度）对交通的影响，对沿河公路路基水毁进行等级划分，见表 4.6.2。

沿河公路路基水毁等级划分 表 4.6.2

水毁等级	等级名称	特 征 现 象
一级	轻微	路肩局部坍塌，挡墙或护坡完好，未影响行车
二级	中等	路基出现缺口，缺口长度小于 5m，路基局部损毁宽度不超过路基宽度 1/3，挡墙或护坡局部损毁，影响一个行车道，交通受阻，可单向通车
三级	严重	路基出现较大缺口，缺口长度为 5～10m，或路基局部损毁宽度超过路基宽度 1/2，影响所有行车道，采取临时措施可恢复通车
四级	极严重	路基缺口长度大于 10m，路基局部损毁宽度超过路基宽度 3/4 甚至全毁，交通中断 24h 以上

上述沿河公路路基水毁的等级划分只是考虑了路基水毁程度和对交通的影响，是一种偏宏观意义上的等级划分，侧重于水毁发生时对车辆通行影响的分析，而没有对沿河公路承灾体的特征予以更多的考虑。

如果对沿河公路承灾体进行分类后，对其水毁的形态特征进行分析，再根据其水毁形式，按照分析指标和水毁严重程度对其进行等级划分，则能够更详细、准确地反映沿河公路各种水毁形式的特点和等级差异。

4.7 应用注意事项

在灾害评价时应注意灾害危险等级、规模等级、灾情等级之间的区别与联系。

危险等级是评价可能发生灾害的可能性大小，一般用定量指标“概率”或“重现期”表示。

灾害规模等级是指灾害的强度等级，可用灾害体的体积表示，如坍塌体积、滑坡体体积等。规模等级评价可用于潜在灾害评价，规模等级是投资决策和制定防灾减灾预案的依据，也可用于已发生灾害的规模评价，此时规模等级是抢险救灾和灾后恢复的重要依据。

灾情等级是指灾害造成损失的大小，一般用人员伤亡数和直接经济损失表示。已发灾害的损失通过分类统计得到，预期灾害的可能最大损失则是通过研究灾害发生频率、强度、危害范围及影响区内人员数量及财产量、损失率等指标计算得到，称期望损失。

对潜在灾害体采取预防措施，避免灾害的发生或扩大，从而达到预防灾害的目的。此时，通过调查和勘察确定的灾害体可能最大规模分级，是工程对策和措施选择的依据。假定灾害发生，灾害等级是预估损失的依据，可能造成的损失与投入之间的比值即防灾效益。

对已发灾害，评价灾害规模等级是评价灾情大小的基础，也是抢险救灾和灾后恢复的重要依据。

5 公路自然灾害勘察

干线公路灾害勘察应本着“手段适当，经济合理，重点突出，依据可靠”的原则，首先收集充分的基础资料，然后以地面调查为主要方式，配合适当的室内试验，对重要工程点及剖面进行必要的勘探，为治理工程设计提供可靠的依据。

5.1 崩塌与落石灾害勘察

5.1.1 崩塌与落石灾害识别

对于潜在的崩塌体或落石，其识别方法除了根据坡体所处区域自然地理、地质条件和人类活动以外，通常崩塌与落石灾害发生的边坡具有明显的外部特征及规律，为灾害识别提供了依据。

(1)坡度、坡高及坡型特征

土质边坡坡度一般在45°以上，岩质边坡坡度一般在60°～70°以上，且坡高较大；坡型一般呈凸形、阶梯形或凹形陡坡。

(2)岩土体特征

岩土体内部裂隙发育，尤其是斜交和平行边坡走向的陡倾裂隙发育，或存在顺坡裂隙或软弱面，边坡上部已有明显拉张裂隙，并且切割边坡的裂隙、软弱面即将贯通，使之与母体形成了分离之势。

(3)历史灾害特征

坡面有相对新鲜岩石面出露，或坡脚有崩塌物堆积，这说明曾发生过崩塌，今后还可能再次发生。

(4)崩塌与落石灾害在发生的时间上具有如下一般规律：

① 降雨过程之中或稍微滞后。暴雨或大暴雨、较长时间的连续降雨等最易引发崩塌。

②强烈地震过程之中。震级在6级以上的强震可能引发区域性崩塌灾害的发生。

③开挖坡脚过程之中或之后的1～3年。因工程施工开挖坡脚，破坏了上部岩(土)体的稳定性，常发生崩塌或落石。发生时间有的在施工中，以小型居多。较多的发生在施工之后一段时间里。

④水库蓄水初期及河流洪峰期。水库蓄水初期或库水位的第一个高峰期，库岸岩土体首次浸没(软化)，上部岩土体容易失稳，尤其在退水后产生崩塌的几率最大。

⑤强烈的机械振动及大爆破之后。

具备了上述特征的坡体，可能发生崩塌或落石。当上部拉张裂隙不断扩展、加宽，变形速度突增，小型坠落不断发生时，预示着崩塌或落石很快就会发生，处于极不稳定状态。

同时，崩塌与落石灾害的发生还具一些前兆特征，在进行灾害识别时可参考：

①崩塌或落石的前缘掉块、坠落不断发生。

②崩塌或落石的脚部出现新的破裂形迹。

③不时偶闻岩石的撕裂摩擦错碎声。

④出现热气、地下水质、水量的异常。

5.1.2 崩塌与落石灾害调查

崩塌与落石灾害调查的主要手段是历史资料收集、巡查与现场调查相结合的方法。在对历史灾害资料收集、整理、分析的基础上,对公路沿线进行巡查,对灾害或潜在灾害的边坡特征进行详细的调查,为灾害的成因分析、危险程度评价和防治措施的选择提供参考依据。

崩塌与落石灾害调查主要内容及任务是对灾害或潜在灾害的发生范围、规模、类型、周围线路情况以及与线路的关系、灾害基本特征等进行调查。

(1)路域灾害现状调查

查清路域范围内或对公路运营安全有威胁的灾害分布情况,主要包括灾害的类型、数量及较为严重的灾害点,为灾害勘察提供资料和依据。

(2)灾害基本特征调查

查清灾害所处边坡的坡度、坡高、坡型,坡体岩土类型,岩石风化程度,节理裂隙发育情况等。初步判定崩塌或落石规模。

(3)孕灾环境调查

调查坡体所处区域内自然地理,公路等级及交通量,交通中断后的替代通行方式,附近相关的工程活动等。

5.1.3 崩塌与落石灾害勘察

经过资料收集、分析整理和现场初步调查,确定灾害整治点以后,为了给灾害危险性评价和灾害整治工程措施的选择和设计提供必要的资料和依据,还需要对灾害进行勘察,灾害勘察主要包括初步勘察和详细勘察两个阶段。对于规模小、成因并不复杂的崩塌,可将两阶段合并。各勘察阶段主要内容和任务如下。

(1)崩塌与落石初步勘察阶段需进行如下工作。

①自然地理环境调查:包括气候条件、降雨特征、水文特征和植被特征等。

②地貌特征:包括地貌类型等,重点研究微地貌与崩塌或落石灾害的关系。

③各类岩土体特征、成因类型和结构特征,研究崩塌或落石灾害与岩土体岩性、结构特征的关系。

④水文地质条件,评价岩土体的渗透性,调查研究地下水的补给及地表水、地下水对崩塌或落石灾害的诱发作用。

(2)崩塌与落石详细勘察阶段需进行如下工作。

①详测阶段崩塌勘察宜结合整治工程设计需要进行。

②查明地形、地貌、微地貌形态,地层岩性、地质构造、各种结构面特征及组合关系,层间软弱夹层、风化程度,地表及地下水对崩塌的影响。

③工程地质图,比例为1:500～1:2 000,应标明裂隙位置,崩塌的范围界线。

④代表性轴向、横向工程地质断面图,比例为1:200～1:1 000,应标明裂隙位置,崩塌范围界线。

⑤施工便道的布设图。

⑥对危岩体规模大小、破坏模式、稳定性和危害性进行简要评价。

5.1.4 崩塌与落石灾害的工程地质评价

崩塌与落石灾害的工程地质评价主要包括灾害成因、危险程度及治理对策等方面。

1)灾害成因分析

灾害成因分析是深入了解灾害现状、趋势的依据,为灾害危险程度预测和治理对策的选择和设计提供参考。崩塌与落石灾害的成因主要包括内因和外因两部分。

(1)灾害形成的内在条件

①岩土类型。岩土是产生崩塌的物质条件。不同类型的岩土所形成崩塌的规模大小不同,通常岩性坚硬的各类岩浆岩(又称为火成岩)、变质岩及沉积岩的碳酸盐岩(如石灰岩、白云岩等)、石英砂岩、砂砾岩、黄土等形成规模较大的崩塌,页岩、泥灰岩等互层沉积岩及松散土层等,往往以落石和碎落为主。

②地质构造。各种构造面,如节理、裂隙、层面、不整合接触面、小型断层等对坡体的切割、分离,为崩塌的形成提供崩塌体的边界条件。坡体中的裂隙越发育,越易产生崩塌;走向与坡体延伸方向平行或斜交的外倾构造面,最有利于崩塌的形成。

③地形地貌。斜坡和公路边坡均可产生崩塌,坡度大于65°的高陡边坡,孤立山嘴或凹形陡坡均为崩塌形成的有利地形。

岩土类型、地质构造、地形地貌等地质条件是形成崩塌的基本条件,在分析崩塌成因时应重点考虑,尤以岩性及构造面组合分析为重点。

(2)引发崩塌或落石的外界因素

①地震。地震引起坡体晃动,破坏坡体平衡,从而引发坡体崩塌。一般烈度大于7度以上的地震都会引发大量崩塌或落石。

②冻融、降雨。特别是大暴雨、暴雨和长时间的连续降雨,使地表水渗入坡体,软化岩土及其中软弱面,产生孔隙水压力等引发崩塌。冻融期冻胀、昼夜温度变化也会引发崩塌或落石。

③地表冲刷、浸泡。河流等地表水体冲刷边脚,也能引发崩塌。

④不合理的人类活动。如开挖坡脚、地下采空、水库蓄水、泄水等改变坡体原始平衡状态的人类活动,都会引发崩塌。

2)危险程度定性评价

灾害危险程度是指在特定自然环境、地质环境和人为活动环境条件下,崩塌或落石灾害发生的可能性大小。危险性大小与灾害危害程度大小是相互对应的。灾害的危险性评价可以从其特征因子、内因影响因子和外因影响因子的危险程度等级加以判断。具体可以从以下几方面评价:

(1)坡度越大、坡高越高,发生崩塌或落石的可能性越大。

(2)坡体或岩体内部裂隙或切割坡体的节理、裂隙越发育,发生崩塌或落石的可能性越大。

(3)岩层组合不利、夹软弱岩层的坡体,发生崩塌或落石的可能性大。

(4)汛期和冻融期发生崩塌或落石的可能性大。

(5)地表冲刷、浸泡、河流等地表水体对坡脚冲刷越严重,发生崩塌或落石的可能性越大。

(6)不合理的人类活动,如开挖坡脚、爆破等对坡体原始平衡状态改变越大,发生崩塌或落石的可能性越大。

(7)潜在体积规模越大,发生崩塌或落石的可能性越大,产生的危害也越大。

(8)采用赤平投影图解法进行岩体的稳定性分析是很方便的,如果能现场估计结构面抗剪强度(如巴顿粗糙度的方法等),可以简便有效地对节理岩体的稳定性作出定量评价。

3)崩塌与落石灾害防治对策

(1)对小型崩塌或落石最有效、最直接的防治措施就是清理边坡上的危岩体或危石。

(2)工程措施应该立足于“遮挡”和“拦截”。遮挡即采用遮挡构筑物拦挡来自崩塌顶部落石冲击,拦截即采用拦截建筑物拦挡崩塌体或落石顺山坡滚动的冲击。

(3)对于存在软弱结构面而易引起崩塌的高边坡,可根据情况采用支挡墙或支护墙等措施,以支撑边坡,并防止软弱结构面的张开或扩大。

(4)下边坡坡脚因受河水冲刷而易形成崩塌者,河岸应设置冲刷防护工程。

(5)在可能发生崩塌的地段,必须做好地面排水设施。

(6)对于岩质崩塌可选择采取下列措施。

①刷坡:清除坡面危岩、严重风化破碎表层及不稳定部分,清除影响路基及边沟的坡脚崩塌堆积物、风化剥落碎屑物等。

②设置截水沟:水是诱发各类地质灾害的主要因素之一,崩塌也不例外。通过拦截减少地表水入渗是防治崩塌的有效措施之一。

③支护加固:对局部坡面风化破碎层较厚、不能完全清除或清除后可能引起上部岩体不稳定的地段设置挡墙支护或防护。

④锚固:当边坡稳定性差,存在断层、节理、裂隙等软弱结构面时,单纯采用削坡效果并不理想,这时可采用锚固加固边坡。

⑤主动防护网:适用于风化碎落较严重,坡体整体稳定的岩石边坡,坡面悬挂的不锈钢丝或镀锌网能截住落石,防止落石、碎落对交通的破坏。

(7)对于土质崩塌可选择采取下列措施。

①分级削坡:根据边坡的土质类型、松散程度及天然坡度等工程地质特征设置适宜的边坡坡比,将边坡设计成台阶状,并分级放坡开挖,以增大边坡的稳定性。

②设置挡土墙:在边坡较高、地层松散地段设置挡墙支护,主要采用仰斜式重力挡土墙。

③护面:通过坡面绿化或工程防护,避免坡面冲刷和局部土体失稳。

④排水:在崩塌区外围设截排水工程,以拦截疏导地表水。

(8)灾害整治应以综合防治为主,工程措施和植物及其他措施相互结合,共同防治。

(9)在进行灾害防治的基础上,还应该做好灾害的监测及预警工作。

5.2 滑坡与坍塌灾害勘察

公路滑坡的滑出方向,绝大多数是与路线方向垂直或近于垂直,少数滑坡滑动方向与路线方向斜交。从成因方面分析,公路滑坡大多数是在开挖中复活,而且公路滑坡有一个共性,就是绝大多数滑坡是由于公路开挖产生临空面或加载造成的。

5.2.1 滑坡灾害识别

1)从滑坡组成要素入手识别

一个发育完整的滑坡,一般都包括下列要素(图 3.3.2-1)。

①滑坡体:滑坡的整个滑动部分。

②滑坡周界:滑坡体和周围不动体在平面上的分界线。

③滑坡壁:滑坡体后缘和不动体脱开的暴露在外面的分界面。

④滑坡台阶:由于各段土体滑动速度的差异,在滑坡体上面形成略向后倾的台阶状的错台。

⑤滑动面:滑坡体沿相对于不动体下滑的分界面。

⑥滑动带:滑动面上受滑动揉搓而形成一定厚度的扰动带,其厚度数毫米至数米。

⑦滑动舌(滑坡头部):滑动体的前缘形如舌状的部分。

⑧滑坡鼓丘:滑坡体前缘因受阻力而隆起的小丘。

⑨滑坡主轴:滑坡体滑动速度最快的纵轴线,它代表整个滑坡的滑动方向,一般该轴线上的下滑力最大、滑坡床凹槽最深,平面上可为直线或折线。

⑩破裂缘:滑坡体最后缘开始破裂的地方。

⑪封闭洼地:滑坡体滑动时与滑坡壁拉开形成沟槽,相邻岩土楔形成反坡地形,即形成四周高中间低的封闭洼地,积水后形成滑坡湖。

⑫拉张裂缝:位于滑坡体上部,多呈弧形,并与滑坡壁大致平行。

⑬剪切裂缝:位于滑坡体中部,系坡体下滑时与两侧面不动体相对剪力作用所形成,常成羽毛状、雁行排列。

⑭扇状裂缝:位于滑坡体下部,平面呈扇骨状,系滑坡头部挤压所形成。

⑮鼓胀裂缝:位于滑坡体下部,平面上往往成断续弧形,并与扇形裂缝大致垂直,亦系头部挤压所形成。

⑯滑坡床:滑坡体下面所依附的下伏、没有滑动的岩土体。

2)滑坡宏观标志

滑坡在地形、地层岩性、构造、水文、地物等方面具有特殊的标志,可以成为滑坡识别或判别的依据。

(1)地形地物标志

在山体斜坡地带,滑坡区常形成圈椅状地形和槽谷状地形,或造成斜坡上出现异常的台坎及斜坡坡脚“侵占”河床、耕地、房屋场地、道路边缘等现象。

在滑坡体上,常有鼻状凸丘或多级平台。平台的高程和特征与外围河流阶地不同。在滑坡体外两侧,常形成沟谷,常有双沟同源现象。可见到线形地物(如道路、耕地边界等)被错断位移的现象。

在滑坡体上,常有积水洼地、地面裂缝、“醉汉林”、“马刀树”和房屋开裂、倾斜、沉陷、隆起、冒水等现象。

(2)滑坡边界及滑坡床标志

滑坡后缘断壁上带有顺层擦痕。滑坡前缘土体常被挤出或呈舌状凸起,常伴有揉皱、褶曲或断裂(非构造)现象。在滑动的岩土体周边两侧,常有沟或裂面(或张扭性羽状裂缝带),甚至线状地物被剪断等现象。

(3)岩土体结构构造标志

滑坡体范围内的岩土体常有扰乱、松动、挤压揉皱、受水浸润、擦痕等现象。基岩的层位、产状和断层特征与外围不一致,常见有被泥土、石屑充填或未被充填的张性裂缝、张扭性裂缝(两侧边缘)及压性裂缝。土体趋向松散,其层序正常或倒置,倾向异常,普遍出现小型坍滑现象。

(4)水文地质标志

滑坡区内含水层的原有状况(含水层位、水位、泉水流量等)常被破坏,致使滑坡体特别是滑坡群成为复杂的水文地质综合体。在具有隔水作用的滑动面(带)的前缘(出露点)常有成排、成群的泉水溢出。在滑体后缘的断壁上,常有泉水出露或渗水现象。有时,在滑坡体两侧或前缘,会形成特殊的"泥球"现象。

3)从滑坡体外表迹象和特征粗略判断其稳定性

(1)已稳定的老滑坡体有以下特征。

①后壁较高,长满了树木,找不到擦痕,且十分稳定。

②滑坡平台宽大且已夷平,土体密实,有沉陷现象。

③滑坡前缘的斜坡较陡,土体密实,长满树木,无松散崩塌现象。前缘迎河部分有被河水冲刷过的现象。

④目前的河水远离滑坡的舌部,甚至在舌部外已有漫滩、阶地分布。

⑤滑坡体两侧的自然冲刷沟切割很深,甚至已达基岩。

⑥滑坡体舌部的坡脚有清晰的泉水流出等。

(2)不稳定的滑坡体常具有下列迹象。

①滑坡体表面总体坡度较陡,而且延伸很长,坡面高低不平。

②有滑坡平台、面积不大,且有向下缓倾和未夷平现象。

③滑坡表面有泉水、湿地,且有新生冲沟。

④滑坡表面有不均匀沉陷的局部平台,参差不齐。

⑤滑坡前缘土石松散,小型坍塌时有发生,并面临河水冲刷的危险。

⑥滑坡体上无巨大直立树木。

4)判断滑坡所处阶段

掌握滑坡的发育阶段,可以充分利用滑坡大滑动前的有利时机预防其发生,指导监测工作的布设和进行,为预测预报提供科学依据。滑坡发育的过程一般分为四个阶段。

(1)局部失稳的蠕动挤压阶段

一定地质结构的斜坡,由于河流冲刷、海浪侵蚀、人工开挖或加载,或因地下水的增加和地震等作用,引起坡体内部应力调整,在斜坡的中下部产生应力集中,常常在主滑段下段滑动面上的剪应力超过该处土体实有的抗剪强度而产生蠕变。随着塑性区的逐步扩大,局部坡体向下挤压,引起后部与稳定坡体间产生主动破裂和拉开,形成滑坡主拉裂缝,由断断续续而逐渐连通。

主拉裂缝产生之后,为地表水的下渗提供了有利条件,滑体的中、后部(主滑段和牵引段)失稳而向下推挤抗滑地段,滑坡两侧出现羽状裂缝。此时抗滑地段滑动面尚未形成,抗滑段坡体受挤压并相继出现放射状张裂缝和鼓胀裂缝,初期断断续续不贯通。随着滑坡的发展而延长、贯通、张口加大。此时,滑坡的剪出口断续出现,继而贯通,并与滑坡两侧裂缝相连通,表明抗滑段滑动面已全部贯通,这时滑坡已进入滑动阶段。

在进入整体滑动阶段之前,虽然滑坡有位移,上部下沉、中部平移,下部抬升,但整个滑坡的稳定系数大于1。

蠕动挤压阶段可以延续几个月,也可以长达数年至数十年。如果外界条件改变,如增加了坡体支撑,或减去了主滑段和牵引段岩土体(减重),或采取排水措施改变了水文地质条件,蠕动挤压阶段的滑坡不一定发展到滑动阶段,在滑坡灾害的预防和治理上这应是很好的、可以利用的时机。

(2)整体失稳缓慢滑动阶段

具有抗滑段的滑坡,当主滑和牵引段失稳(局部稳定系数小于1),坡体向坡下发生推挤位移,抗滑段因受力而坡面出现纵横向的鼓胀裂隙。一旦抗滑地段滑面贯通并开始位移(滑动),滑坡的整体稳定系数就小于或等于1。

不具有抗滑段的滑坡,只要主滑段失稳,即开始滑移。至于滑坡在整体上呈匀速、减速或加速滑动,则视下滑力与抗滑力的对比情况而异。

研究表明,当滑带土的抗剪强度越过峰值强度后,随滑动距离的增大,逐渐降低到其残余强度。所以,滑坡开始滑动后有可能逐渐加速下滑,除非前方阻力有较大增加。

(3)加速滑动与剧滑破坏阶段

当整个滑坡的滑动面贯通开始滑动后,随滑移距离增加,滑带土强度逐渐降低,阻滑力减小,加之地表水灌入,滑坡由匀速滑动变为加速滑动。某些滑坡,随着滑体前缘滑出原滑床,阻力增大、重心降低及滑动中排水减小了孔隙水压和静水压力,滑动过程由加速—等速—减速—停止。第二年雨季,因地下水的作用又重复一次。这样周期性的运动可能延续若干年。有些滑坡,多为滑床较陡或无抗滑段者,从蠕动挤压到开始滑动,由匀速滑动到加速滑动,直到剧烈滑动而破坏,再趋于稳定,完成一个完整的滑动过程,而不呈现周期性的变化。

(4)滑后暂时稳定或永久稳定阶段

滑动后暂时稳定者,多为周期性滑动,它只是滑动过程中的一个循环,并不改变滑动的性质。永久稳定者或为滑坡大滑动后完全脱离原滑床而解体,如某些崩塌性滑坡,不再具备滑动条件,或为大滑动之后相当大一部分滑体脱离滑床而堆积于平坦地面上(如河床或阶地面),抗滑力远大于下滑力,且破坏抗滑力的因素(如河流冲刷、人工开挖等)不再起作用,或人为的工程措施改变了下滑力与抗滑力的关系。永久稳定是滑坡的转化,即斜坡由不稳定而转为稳定。

5.2.2 滑坡灾害调查

滑坡灾害调查的主要方法为资料收集和现场调查相结合的方法。

主要调查内容包括当地气象和水文资料,边坡所处地形地貌、植被和地表径流情况,地震烈度和活动频率,灾害所造成危害等。

(1)滑坡产生的地质条件调查

滑坡产生的地质条件包括地层岩性、地质构造、地貌等。

公路滑坡的产生与公路沿线斜坡的岩土性质关系最为密切,当岩体结构有降雨入渗、聚水和软弱面时,易发生滑坡。

地质构造对公路边坡的稳定性、滑动面的形成以及滑坡的发展影响很大，主要是在活动性强烈的大构造及不同构造单元的交接带、大断裂带附近、褶皱轴部、各种软弱结构面上陡下缓的结合部位易发生滑坡。

地形地貌也是产生滑坡的重要条件。主要是单面山地形、线状延伸的断壁下的崩积、坡积地貌、陡坡区域中缓坡段、河流凹岸中的局部凸出地段、山坡或河谷谷坡上圈椅地貌以及与地质面接近一致的丘陵及山嘴斜坡等地貌比较容易产生滑坡。

滑坡产生的地质条件调查的主要内容是查明滑坡体的地层岩性、地质构造、地貌等，并应该查明滑坡体的范围、厚度、物质组成和滑动面(带)的个数、形状及各滑动带的物质组成。

(2)滑坡产生的水文地质条件调查

水的作用是滑坡产生的重要条件，滑坡的发生和发展多受水文地质条件控制，因此，地下水冲刷、地下水活动与其水压力以及暴雨激发等往往是引发滑坡的主要因素。

滑坡产生的水文地质条件调查主要是查明滑坡体周围水系分布、地表降水情况及滑坡体内地下水含水层的层数、分布、来源、动态及各含水层间的水力联系等。

(3)其他调查

其他调查的内容主要包括滑坡区条块、级的划分、河流冲刷情况调查、滑坡所处地区的气候条件调查(主要是降雨量的调查)、自然因子调查(主要是滑坡体周边的植被情况等)、人类活动情况(主要是人类工程及活动对滑坡体的扰动或诱发)及地震调查等。

5.2.3 滑坡工程地质勘测

滑坡工程地质勘测是在地面调查的基础上对组成坡体的岩石结构及工程性质、与地质构造的关系、软弱结构面性质及与坡面的组合关系等进行勘察。查清滑坡体的地质结构、滑动面的位置、形状、层数，以及地下水的分布位置、层数、水量、流动方向及其与滑坡的关系，为治理工程设计提供必需的技术支持。

1)初测阶段滑坡地质调绘

(1)查明灾害路段的滑坡和路基滑移分布范围、规模、类型和发展阶段。

(2)对滑坡地段应进行重点地质调绘，查明工程地质，水文地质条件，微地貌特征，软弱岩土的层分布及变形情况等。

(3)搜集路基滑坡灾害发生的历史情况以及灾害整治等资料。

(4)勘探点应布置在滑坡主轴断面和必要的横断面上，主轴断面上的数量一般不得小于3个，至少有一个控制性深孔。

(5)在滑动带及其上、下各种土层中，应分别采取代表性土样进行物理力学性质试验。

(6)有地下水时应查明地下水的分布层数，含水层的组成及厚度，各层地下水的初现水位、稳定水位、流量等，并取样进行水质分析。

2)详测阶段滑坡勘察

(1)确定滑动面、地下水分布和埋藏构造。目前，常用的方法是地质勘探，主要应注意钻孔布置、孔深控制、施钻方法等。

①钻孔布置

在每一滑坡块体上，孔位的布置均应首先安排一个纵断面和一个横断面。纵断面应是滑坡主轴断面，它能较好地反映滑坡的性质和特点，是运动速度和推力最大的部位，亦可满足对滑坡进行稳定性验算和推力计算的要求。横断面应靠近滑坡出口部位，以具体查明滑坡出口段的情况。为满足施工图设计要求，可酌情在主轴断面两侧增加钻探纵断面，亦可考虑增加横断面。孔间距以 30～50m 为宜，视滑坡复杂情况而定。

②孔深控制

在确定孔位和孔深时，应考虑地面调查和物探提供的信息，把钻孔布置在起关键作用的地点或有疑问的地点，以验证或修正根据地面调查和物探做出的推断。

孔深应达到最深一层滑面以下稳定地层中 3～5m，如滑面有向更深处发展的可能，或为查明有关地层或有关地下水情况，则应适当加深钻孔。最好在滑坡中下部钻 1～2 个深孔，深入当地侵蚀基准面以下一定深度，以不漏失可能的最深滑动面。如滑体为堆积土，则钻孔应深入基岩不浅于当地可见同类岩石最大孤石直径的 1.5 倍。

当滑坡有明显分级或分块时，对每一级或每一块均应按以上原则布孔。滑坡体外围，尤其是主轴断面上，最好布设 1 个钻孔，以对比滑体内外的地层结构及状态。

③施钻方法

施钻方法的选择应以易于发现软弱夹层和含水层为主，并以尽可能保持地层的原状结构和提取足够数量的原状岩芯为原则。

对不太深的土层，采用冲击式的“打筒”较为有利，可明显提高钻进速度；对半岩质岩层或风化破碎岩层，应采用干钻和无泵反循环钻进，也可采用双层岩芯管钻进。无泵反循环钻进方法应是滑坡钻探中的首选，采用干钻和无泵反循环钻进时应遵守中华人民共和国铁道部标准《铁路地质钻探技术规则》(TB 10014—1998)中有关规定。

遇到特坚硬岩层和大孤石时，可开水钻进或空气冷却，一旦钻透孤石则须立即停水。采用开水钻进，必然会有大量水渗入到地层或岩芯中，严重改变地层的天然结构和天然含水状态，造成软弱地层的损失，使岩芯鉴定的难度大增甚至完全不能鉴定，并对滑坡稳定不利，所以在滑坡钻探中通常是严禁开水钻进的。

为减少对岩芯的扰动，有利于保持岩芯的原状和确定滑面位置，一般每回次进尺，土层不宜超过 0.3m，岩层不宜超过 0.2m。在可能的滑面位置附近要特别小心。

对黄土地区的滑坡，在地质勘探的基础上，进行常规的物理指标测试，从土体的含水率、液性指数、塑性指数、细粒含量等方面进行鉴别。

(2)滑坡区地形、地貌、微地貌形态，地表裂缝和公路的破坏变形及其发展进程，井、泉、池塘、湿地及植被的分布与变化，滑坡滑移要素。

(3)滑坡区物质成分、性质、厚度，滑动带的位置、个数、形态特征。

(4)滑坡区地层岩性、地质构造、各种结构面特征及组合关系、层间软弱夹层，含水层性质、厚度、补给源等水文地质条件。

(5)滑坡区勘探孔应根据滑坡和路基滑移规模、滑动面形态并结合整治工程类型布置，每个地质断面不宜少于 3 孔，间距和深度应满足工程整治设计的需要，有条件时可在主要断面上进行综合物探，目的是确定滑动面的位置。

(6)滑坡的滑动带及其上、下各种土层中应分别采取代表性土样做物理力学性质试验，主滑段和抗滑段中应分别取滑动带土样不少于 3 组，牵引段中亦宜采取滑动带土样进行力学试验，主要为稳定性分析和推力计算提供参数。

(7)需要采取分期整治的公路滑坡，应安排进行动态观测。

(8)必要时应补充水文地质图、滑床或基岩等高线图，同比例工程地质图。

5.2.4　滑坡的工程地质评价

滑坡的工程地质评价主要包括滑坡成因、危险程度及治理对策等方面。滑坡成因调查是深入了解滑坡现状、趋势的依据，为滑坡危险程度预测和治理对策的选择和设计提供参考。

1)滑坡成因分析

滑坡的成因主要包括内因和外因两部分。

(1)滑坡形成的内在条件

①岩土类型：岩土体是产生滑坡的物质基础。一般来说，各类岩土都有可能构成滑坡体，其中结构松散、抗剪强度和抗风化能力较低，在水的作用下其性质能发生变化的岩土，如松散覆盖层、黄土、红黏土、页岩、泥岩、煤系地层、凝灰岩、片岩、板岩、千枚岩等及软硬相间的岩层所构成的斜坡易发生滑坡。

②地质构造条件：组成斜坡的岩土体只有被各种构造面切割分离成不连续状态时，才有可能向下滑动。同时，构造面又为降雨等水流进入斜坡提供了通道。故各种节理、裂隙、层面、断层发育的斜坡、特别是当平行和垂直斜坡的陡倾角构造面及顺坡缓倾的构造面发育时，最易发生滑坡。

③地形地貌条件：只有处于一定的地貌部位，具备一定坡度的斜坡，才可能发生滑坡。一般江、河、湖(水库)、海、沟的斜坡，前缘开阔的山坡、铁路、公路和工程建筑物的边坡等都是易发生滑坡的地貌部位。坡度大于10°，小于45°，下陡中缓上陡，上部成环状的坡形是产生滑坡的有利地形。

④水文地质条件：地下水活动，在滑坡形成中起着主要作用。它的作用主要表现在：软化岩、土，降低岩、土体的强度，产生动水压力和孔隙水压力，潜蚀岩、土，增大岩、土的重度，对透水岩层产生浮托力等。尤其是对滑面(带)的软化作用和降低强度的作用最突出。

(2)滑坡形成的外在条件

①地震：引起坡体晃动，破坏坡体平衡，从而引发滑坡。

②融雪、降雨：特别是大暴雨，暴雨和长时间的连续降雨，使地表水渗入坡体，软化岩土及其中软弱面，产生孔隙水压力等从而引发滑坡。

③地表冲刷、浸泡：河流等地表水体不断地冲刷边坡坡脚，也能引发滑坡。

④不合理的人类活动：如开挖坡脚、地下采空、水库蓄水、泄水等改变坡体原始平衡状态的人类活动，都会引发滑坡活动。

此外，开山的爆破作用，可使斜坡的岩、土体受振动而产生滑坡；在山坡上乱砍滥伐，使坡体失去保护，便有利于雨水等水体的入渗从而引发滑坡等。

2)危险程度评价

灾害危险程度是指在特定自然环境、地质条件和人为活动等因素的影响下，滑坡灾害发生的可能性大小。危险性大小与灾害危害程度大小是相互对应的。灾害的危险性评价可以从其特征因子、内因影响因子和外因影响因子的危险程度等级加以判断。具体可以从以下几方面评价：

(1)各特征因子越明显，说明滑坡发育的越成熟，其危险性就越大。

(2)处于易滑地层范围内的滑坡危险性较大。易滑地层是指具有一定层位的容易滑动的一层或一组岩石,它可以是固结的岩石,也可以是没有固结的堆积物。我省的易滑岩层分布较为广泛,陕北、关中地区易滑岩土的类型为土质,包括黏性土类土和黄土类土,分别由风化、残积和风积作用形成;陕南地区易滑岩土的类型为沉积岩型和变质岩型,包括泥岩、页岩、泥灰岩、片一板岩类和碎裂岩类,分别由沉积作用、固结成岩作用和动力变质作用形成。陕西省易滑地层见表 5.2.4-1。

陕西省易滑地层 表 5.2.4-1

易滑地层	易滑岩土类型	易滑岩组	成因特点	分布地区
土质型	黏性土类土	黏性土类岩组	由风化、残积作用形成。以黏粒土为主,包括红色黏土、黑色黏土	陕北
	黄土类土	黄土类岩组	主要由风积作用形成。包括:次生黄土、马兰黄土、离石黄土、午城黄土。滑坡常发生于层面出露的情况	主要分布于黄土高原地区
	碎石土	碎石土类岩组	由坡积、冲洪积、冰积等作用形成。以砾石土为主	沿山区和丘陵地区的沟谷两岸广泛分布
沉积岩型	泥岩	砂泥岩岩组 灰岩泥岩岩组	由沉积作用、固结成岩作用形成,可含少量碎屑	主要分布在各个山系两侧、沟谷两岸、山间盆地及山前地带
	页岩	砂页岩岩组 灰岩页岩岩组		
	泥灰岩	砂泥灰岩岩组 灰岩泥灰岩岩组		
变质岩型	片一板岩岩类	片一板岩岩组	由沉积岩经区域变质作用形成	主要分布在各个山系中部
	碎裂岩岩类	碎裂岩岩组	由动力变质作用形成	沿断裂带分布

(3)处于易滑构造范围内的滑坡危险性较大,易滑构造主要包括泥质层面、片板状结构、断裂和褶皱等。易滑构造见表 5.2.4-2。

易 滑 构 造 表 5.2.4-2

易滑构造类型			主要成因	分布特点
易滑原生构造	泥质层面	土层内层面	堆积沉积作用	土体内
		不整合层面	构造作用、沉积作用	主要分布于各时代地层界、系、统的分界处
		沉积型易滑地层层面	沉积作用	分布于沉积地层中,沉积型易滑地层及其与非易滑地层接触层面
	片板状构造	板状构造	变形一变质作用	分布于中、浅变质岩
		千枚状构造		
		片状构造		

续上表

易滑构造类型			主 要 成 因	分 布 特 点
易滑叠加构造	断裂	断层	断裂作用(构造作用)	主要分布于各级构造单元边界
		节理		在断层两侧相对集中分布
		单斜构造		常常是断层一盘
	褶皱	单斜构造	褶皱变形作用(构造作用)	各时代经过构造变形作用的地层中
		向斜构造		
		背斜构造		

(4)处于易滑地形地貌范围内的滑坡危险性较大,易滑地形地貌组成及分布见表5.2.4-3。

易滑地形地貌组成及分布情况

表 5.2.4-3

地形地貌类型	地形地貌要素			组 成 或 分 布
易滑地形地貌	易滑地貌			在山地地貌单元中,沟谷地貌,特别是河谷岸坡地带; 兰田至泷河一带黄土台塬区; 汉江、丹江流域中上游的河谷岸坡地带
	易滑斜坡类型	易滑斜坡形态类型		根据斜坡的纵剖面形态(沿倾斜方向)可以将斜坡分为:凸形坡、直线坡、凹形坡、复合坡,复合坡如凸形和凹形坡相结合的波状坡面,平坦地形面和倾斜地形面结合在一起而构成的阶梯状复合坡(也称凹凸坡)。其中,凸形坡最为易滑,其次是直线坡。而凹形坡最不易滑;斜坡的横向形态不同,发生滑坡的可能性也不相同,也表现为凸形坡最为易滑
		易滑斜坡结构类型	块状结构	岩体由坚硬的火成岩组成,或巨厚层沉积岩组成,由于后期节理切割而成
			层状结构	岩体由厚—薄层沉积岩、片—板状浅变质岩组成,由于层理及片—板理发育明显,使岩体呈层状排列的特征
			碎裂结构	岩体由沉积岩、火成岩和变质岩组成,由于断层和节理极为发育将岩体切割成小块
			散体结构	斜坡由土体组成,由于土体未胶结成岩,致使斜坡土体比较松散或软弱
				层状结构类型的斜坡,按地层倾向与斜坡坡面的关系,可进一步将斜坡结构类型概括为四种类型:顺向坡、反向坡、顺向斜向坡和反向斜向坡、横向坡。其中顺向坡最为易滑,其次是反向坡,而横向坡最不易滑,顺向斜向坡和反向斜向坡介于三者之间
	易滑斜坡坡度和坡高			从力学角度分析,对于一元结构组成斜坡来说,要使之产生滑动,同类岩性条件下,坡度越陡则要求的坡高越小,反之,坡度越缓则要求的坡高越大;不同岩性条件下,岩土体强度越低,则要求的坡度和坡高往往越小,反之亦然

(5)由易滑岩组组成的滑坡危险性较大。我省的易滑岩组主要有黏性土岩组、黄土岩组、碎石土岩组、砂岩泥岩岩组、砂岩页岩岩组、碳酸盐岩泥岩岩组、碳酸盐岩页岩岩组、碳酸盐岩泥灰岩岩组、片岩千枚岩板岩岩组和碎裂岩组等。

(6)在滑坡所处的三个阶段中,处于滑动破坏阶段的滑坡最危险;蠕滑阶段的滑坡次之;挤压密实阶段的滑坡危险性最小。

(7)降水、地表水及地下水分布较多的地方,滑坡危险性较大。

(8)人类活动等诱发因素越强,滑坡的活动强度则越大,危险性也越大。

3)滑坡灾害防治对策

(1)消除或减轻水对滑坡的危害(控制措施)

水是促使滑坡发生和发展的主要因素,应及时消除或减轻地表水对滑坡的危害,方法有:

①截:在滑坡体可能发展的边界5m以外的稳定地段设置环形截水沟(或盲沟),以拦截和旁引滑坡范围外的地表水和地下水,使之不进入滑坡地区。

②排:在滑坡区内充分利用自然沟谷,布置成树枝状排水系统,或修筑排水洞、盲沟、支撑盲沟和布置疏干孔等排出滑坡范围内的地表水和地下水。

③护:在滑坡体上采取植草、石砌或喷射混凝土封闭、框架混凝土肋骨架植草、六角空心砖骨架植草等措施,减轻地表水的入渗和对滑坡坡面的冲刷。

④填:用黏土填塞滑坡体上的裂缝,减少地表水渗入滑坡体内。

(2)改善滑坡体力学条件,增大抗滑力(抑制工程)

①减与压:对于滑床上陡下缓、滑体头重脚轻的滑坡或推移式滑坡,可在滑坡上部主滑地段减重或在前部抗滑地段加填压脚,以达到滑体的力学平衡。对于小型滑坡可采取全部清除。减重后应验算滑面从残存滑体薄弱部分剪出的可能性。

②支挡:设置支挡结构(如抗滑片石垛、抗滑挡墙、桩板墙、抗滑桩等)以支挡滑体或把滑体锚固(如锚定板、锚定梁、锚钉墙、锚定框架肋、梁等)在稳定地层上或挡锚综合结构(如抗滑桩加预应力锚索、桩板墙加预应力锚索等)。

(3)改善滑带土的性质

采用灌浆法、孔底爆破灌注混凝土、砂井、砂桩、系统锚杆、钢筋混凝土锚桩加固等措施,改变滑带土的性质,使其强度指标提高,以增强滑坡的稳定性。

(4)监测与预报措施

监测是清楚了解和认识滑坡现状及预测滑坡发展趋势的有效手段,也是进行滑坡预报工作的基础。监测工作是预警的基础,必须长期进行、积累资料、分析态势,提供可靠的预警数据。监测工作应充分调动专业队伍与人民群众的积极性。监测方法不强求一致,应因地制宜、灵活运用,以达到目的为准。

预报是减灾防灾的重要阶段。要详细搜集归纳资料,深入分析研究各种监测数据,掌握灾害形成机理、诱发因素及活动规律,才能做到准确预报。

5.2.5 坍塌灾害勘察

坍塌是高边坡常见的变形现象,其变形是从表层开始,逐渐向内部发展,受坡体整个松弛带内结合强度的控制,无贯通的软弱带,非坡内某一软弱带或面的破坏。

路堤边坡坍塌的主要原因是土方施工方法不正确，或填料不符合要求；路堑边坡坍塌则主要是挖方坡率大于稳定坡率，在降雨入渗等因素影响下失稳破坏。

1）坍塌灾害识别

对于潜在的坍塌灾害，可用如下方法对灾害识别。

（1）比拟法

通过当地类似条件下处于极限稳定状态的自然斜坡的坡形、坡率和坡高，采用工程地质比拟法分析公路边坡的稳定性。自然斜坡的稳定性受地层岩性、地质构造、水文地质条件及变化、气候和地震、风化作用等内外营力影响，若斜坡在较长年限内能维持稳定，其坡率和坡高等参数可为工程边坡稳定性分析提供参考。

同样，在基本情况一致时，若其他工程边坡有坍塌发生，说明破坏边坡的坡率大于稳定坡率，易发生坍塌；而发生坍塌之后形成的综合坡率往往接近稳定坡率，可作为削坡坡率的参考依据。

（2）直接观察法

直接观察法主要观察坡体变形破坏特征，如坡顶地表的张开裂缝，边坡上部局部岩土块脱落，坡面植被与周边的比较等。

（3）历史分析法

了解边坡坍塌发生历史，上边坡坍塌具有牵引性质，往往会重复发生，给公路养护增加难度。汛期发生过坍塌的边坡，或坡脚有坍塌堆积物，说明边坡坡率大于稳定坡率，今后还可能再次发生。

（4）坍塌灾害发生的时间以大雨或暴雨以及较长时间的连续降雨之后为最多；6 级以上强烈地震常引发坍塌出现；开挖边坡未及时做防护排水，常发生坍塌，但以小型居多。

2）坍塌灾害调查

坍塌灾害调查的主要手段是巡查与现场调查相结合的方法。

调查主要内容及任务是：发生范围、规模及危害，发生时间特征及诱发因素，岩土类型，地表径流情况，地下水出露情况，灾害体与线路的关系，施工便道及弃方堆放场地等。

3）坍塌灾害勘察

坍塌灾害的勘察阶段主要内容和任务如下：

（1）自然地理环境调查。包括暴雨特征值，最大冻深，地表径流与入渗条件，植被情况等。

（2）地形地貌特征。重点研究微地形与坍塌灾害的关系，查明当地类似工程的稳定边坡坡率、坡高、坡形。

（3）边坡岩土体类型和结构特征，研究坍塌灾害与岩土体岩性、结构特征的关系；必要时试验分析岩土的膨胀性，有机质、黏粒含量情况。

（4）水文地质条件，试验或分析岩土体的渗透性，调查研究地下水的补给及地表水、地下水对坍塌灾害的诱发作用。

4）坍塌灾害的工程地质评价

坍塌灾害的成因主要包括内因和外因两部分。

（1）灾害形成的内在条件有：岩土类型，坡形、坡度、坡高，节理裂隙发育程度，岩石风化强度，地下水活动等。

(2)诱发坍塌的外界因素很多,主要有:地震,融雪、降雨,地表冲刷、浸泡,冲刷或开挖坡脚,冻融、昼夜温度变化等。

5)坍塌灾害防治对策

(1)坍塌灾害的首选措施是削坡,即减小边坡坡率,增加边坡稳定性。

(2)对于存在软弱结构面而易引起坍塌的高边坡,可根据情况采用支挡墙或支护墙等措施,以支撑边坡并防止软弱结构面的张开或扩大。对边坡坡脚因受河水冲刷而易形成坍塌者,河岸要做防护工程。

(3)在可能发生坍塌的地段,必须做好地面排水设施,其中坡顶截水沟能起到防止边坡上部坍塌的作用。

(4)岩质坍塌宜采取下列措施。

①刷坡:清除坡面危岩、严重风化破碎表层及不稳定部分,清除影响路基及边沟的坡脚坍塌堆积物、风化剥落碎屑物等。

②设置截水沟:水是诱发各类地质灾害的主要因素之一,也是诱发坍塌的主要因素之一,拦截地表水入渗坍塌体裂缝是防治坍塌的有效措施之一。

③支护加固:对局部坡面风化破碎层较厚的地段设置护坡、挡墙。

④锚杆框架:适用于坡度较陡、坡体岩石均匀且坚硬的公路边坡,对于稳定性不同的边坡采用不同的框架形式和锚固形式相组合,如对稳定性差的边坡,采用现浇钢筋混凝土框架加锚杆进行加固。

(5)土质边坡宜采取下列措施。

①分级开挖:根据边坡的物质组成、松散程度及天然坡度等工程地质特征设置适宜的边坡坡比,将边坡设计成台阶状,并分级放坡开挖,以增大边坡的稳定性。

②护面:加强坡面植被及水土保持措施,对于植被破坏严重或放坡开挖不得不破坏植被的地段应尽力恢复坡面植被。

③地表排水:在容易产生坍塌地段设排水工程,以拦截疏导地表水。

④边坡渗沟:适用于地下水均匀或者坡面有大片潮湿的路基边坡,具有疏干坡体中的地下水和支撑边坡,同时截阻坡面径流和减轻坡面冲刷的作用。基底应设置于边坡湿土层以下的稳定土层内,并铺设防渗层。为加强对边坡的支撑作用,基底可修筑成台阶状。

5.3 公路泥石流灾害勘察

5.3.1 泥石流灾害的识别

泥石流是指斜坡上或沟谷中含有大量泥沙的固、液相混合流体,是地质不良的山区常见的地质灾害现象。

对发展中的泥石流,只需根据其特征和发生历史即可判断。

对潜伏泥石流的判识难度较大,是贯彻预防为主原则的关键。若将非泥石流沟错判为泥石流沟,无疑要增大很多工程量,造成浪费。反之,若将泥石流沟漏判,则将后患无穷,甚至造成不可估量的损失。

在灾害调查阶段，正确判识泥石流沟，提高抗灾防灾能力，减少隐患，具有特别重要的意义。

泥石流沟评判的主要方法有：泥石流多因素定量打分法，暴雨泥石流沟简易判别法，泥石流危险度区划法，暴发泥石流的临界雨量法，危险雨情区法，固体物质聚集量法等。这些方法的野外工作量都较大，且多数还是对较典型泥石流沟的判识。但对似是而非的非典型泥石流沟（即潜伏性泥石流），判断难度较大。

野外勘测调查时，区别非典型性泥石流沟（或潜伏性泥石流沟）与清水沟的判断条件见表5.3.1。当然，大自然是千变万化的，某些沟谷从一些特征看，属于泥石流沟，而从另一些特征看，又不属于泥石流沟。当发生泥石流的条件基本具备，在最不利的自然因素组合下完全有可能发展成为泥石流沟，但当前并未发生的，在评估时应进行合理的推测，以未来 20～30 年发生的可能性为着眼点，有备无患，对公路交通更为有利。

潜伏性泥石流沟与清水的判别条件　　表 5.3.1

内　　容	潜伏性泥石流沟	清水流沟
环境特征	处于泥石流集中区或位于零散分布的典型泥石流沟周边地区有形成泥石流的内因，尚需有效的激发外因	距典型泥石流沟较远
地貌特征	有古泥石流地貌而无泥石流活动的沟谷；山沟与主河汇合处无明显的堆积扇，但在偏下游方向有主河流挤向对岸，有堆积物形成急滩，其粒径、磨圆度、堆积特征、石块岩性均有异于主河床上下游一定范围内的分布性质与形态特征，这可能是山沟泥石流堆积体被主河洪水切割后的残留物；植被较差，水土流失现象趋向严重。坡面不平顺，稳定性差，床面粒径差异性大，磨圆度较差，沟形大，流量小	无古泥石流地貌特征，沟口主河床质特征与其上下游相一致，植被良好，仅有一般水土流失现象，坡面平整，稳定性强，床面固定，磨圆度好，沟形小，流量大
地质特征	区域地质构造影响大，流域还有局部构造存在，岩层较坚硬，但没有明显的不良地质体，有厚层堆积物而又欠稳定，有可能是较长间歇期泥石流的积零成整的过程	区域地质影响小，无不良地质现象，岩层坚硬，堆积物稳定，沟床冲淤量小，床面稳固
固体物特征	磨圆度小，堆积物松散，粒径分选性差，石块无嵌固作用，床面粗化度小，松散物质储量大于 10 000m^3/km^2 流体密度有增大趋势，浆体稠度不稳定，有堵塞现象	磨圆度大，粒径分选性强，鱼鳞状嵌固明显，床面粗糙，耐冲性强，松散体储量小于 10 000m^3/km^2 流体密度小于 1 200kg/m^3 浑浊流体性质稳定，无堵塞现象
人为活动特征	人为活动有增无减，生物生态环境日趋恶化，不合理的砍伐，陡坡垦植，水库塘埝标准质量低，渠道渗漏，开山修路，采矿弃渣等行为，已经或即将提供大量松散物质者，有可能引发成为泥石流沟	沟内无不良人为活动，生态环境呈良性循环
地震与降雨特征	强地震加大暴雨是促进潜伏性泥石流发展速度的重要条件，调查时经综合分析泥石流沟的地震与降雨的组合形式，从而评估泥石流的发展进程	清水沟影响不明显

5.3.2 泥石流调查

1)调查步骤

(1)收集资料

向泥石流地区的有关单位联系，取得既有的水文、气象、地质、地形、地貌、生态环境、工程建筑、设计和历史文献资料等。听取相关人员介绍有关地质灾害和防、抗、救灾方面的情况。泥石流危害区域内的居民点的分布，公路结构物情况。

(2)工点踏勘

根据在当地了解的情况，组织有关专业人员进行踏勘，查看现场地形、地貌、地质与河势特征，选定形态勘测河段、作业程序和方法，以及落实内容和计划等。

(3)调查访问

在选定勘测河段后，即可根据所了解的情况，计划访问路线，进行深入细致的访问调查。在访问中，可通过被访问者不断扩大访问范围和深度，掌握更全面深入的资料，指认泥石流的发展情况。

2)泥石流洪痕调查

在尽可能调查到的时期内，调查总共发生泥石流的次数，并排列其大小顺序，归纳泥石流发生的节律性规律，发生的最早最晚时间及其涨落过程和运动特征等。对于用作泥石流计算的典型年洪水情况应分别确定其高度、坡度、日期、周期及其可靠性等。

泥石流洪痕调查位置，应选在流通区、多年河床冲淤变化不大之处，只有这样的洪痕，才能与现时的河床断面相吻合，计算结果方为可靠。

泥石流洪痕调查，应尽可能在沟边村庄附近进行，询问居住久、记忆力强、概念清楚、亲眼看见、关心泥石流暴发和经受泥石流危害的居民。

在无人烟或居民所指认泥位不可靠的情况下，可根据泥石流固体物杂质多、杀伤破坏力强的特点，用所留下来的痕迹确定泥石流的高泥位时，下列现场痕迹可供判识：

①沉积在石缝中、树皮上、杂草间的泥石流冲淤物。

②滞留在树枝、岩石、杂草及河岸上的漂流物(如小枝、杂草、碎片、污泥、沙石等)。

③在石质岸壁上的擦伤痕条带、泥浆涂迹等。

④非石质陡岸上被泥石流淘刷的痕迹。

⑤河岸变坡处。

⑥泥石流洪水对两岸引起的物理、化学及生物作用的标志。

⑦植物生长分界线及其颜色变化的分界线等。

在判断泥石流洪痕的可靠性时，可观察研究其上下游各处是否有与河底纵坡约略相似的倾斜度。

由洪痕确定的泥石流高泥位，对于泥石流发生的年代及其发生率的大小，可结合访问老居民的年龄，分析不同年代的高泥位发生率，或者用附近特大暴雨降落资料来分析，抑或在上下游较远处去了解分析水情，相互比较印证而求得泥石流洪水的大概年份和发生频率。

调查泥石流暴发时间，还可结合垮山崩塌、滑坡、堵河阻水等灾害情况来分析。

3)区域泥石流地质调查

根据既有的区域地质资料，结合泥石流的分布状况和重大泥石流沟的特点，从宏观到微观，从区域到沟谷，具体分析泥石流沟的点、线、面关系及其相互作用和影响范围，归纳泥石流的个性与共性特征，判断泥石流沟的类型特性，概括区域泥石流的活动规律，提出区域性泥石流防治对策和重点泥石流沟治理措施，为方案比选，防治建筑物设计提供资料。

4)泥石流地质条件调查

(1)形成区调查

①地质构造和岩性。断层与沟谷的位置关系，断层活动性质及破碎带宽度，新构造运动特点、地震活动情况，岩性特征；节理、裂隙发育程度与岩体破碎情况，评价泥石流形成的地质背景。

②坡、沟覆盖层下伏地层岩性特征，沟的溯源侵蚀趋势与沟坡的稳定性。

③当滑坡、崩塌等成为泥石流的主要供给源时，应查明其规模和发展趋势。

④松散固体物质储量。查明流域内坍塌、滑坡、冲沟等不良地质体的位置、发展趋势及其参与泥石流活动的过程和可能的数量；沟床内不同沟段堆积物形态，物质组成及厚度、分布范围、最大粒径和平均粒径，估算其可能搬运的距离和数量；沟坡上松散堆积物成因特征，物质组成，散布范围，评估其可能参与泥石流活动的数量，查明形成区物质组成成分，黏粒含量，并评估泥石流体的性质；在公路工程附近，对泥石流影响较大的不良地质体，应查明整治的可能性和整治意义。查明地下水露头的分布与流量及其对岸坡稳定性的影响，预计形成潜在泥石流的范围和数量。查明人类活动可能引起坡面自然平衡的破坏，预计可能由此而引发的泥石流固体物质量。

(2)流通区调查

查明线路跨越沟岸、沟床的稳定性，泥石流物质组成，沟床纵坡与断面变化及其冲淤的最不利特点、流通区进退的可能性，评价桥隧工程的地质条件。

查明设置泥石流防治工程的工程地质条件，提出防治工程位置和类型的建议及意见。

查明沟床内能输移的最大固体物质粒径与颗粒级配分布情况，流体性质和密度变幅与运动特征等。

(3)堆积区调查

泥石流扇常是山区人民开发利用与线路通过的最佳场所。因此，详细查明泥石流扇的形态特征和周边环境是兴利除害，选好线路方案，提高抗灾、防灾和减灾能力的关键举措。

查明泥石流扇的堆积条件和周边环境，判别堆积的危害作用；查明泥石流堆积物的形态特征、纵横坡度、散布范围与规模以及沟道的演化情况、堆积物质组成成分、粒径沿程和剖面的沉积特征，最大粒径及其散布特点；查明泥石流扇发育状况与主河的关系，扇缘被主河切割或泥石流扇堵江的可能性；查明泥石流扇上的人文活动和可能利用开发的条件与范围。据以判定泥石流沟的类型性质，拟定防灾、抗灾、救灾和减灾措施，为综合比选经济合理的防治方案提供依据。

5)当地已有防治工程经验

调查已有泥石流防治措施使用情况，是核对、印证泥石流计算成果和拟定防治方案的重要参考。调查泥石流防治工程的类型、位置、结构形式与尺寸；基础设置情况、建筑材料、工程效果及经受泥石流检验状况等，并绘制草图及说明，另附照片。

5.3.3 泥石流勘测

地形地貌、地质条件、气象水文、土壤植被、侵蚀特征等形成条件以及活动历史和现状、流体性质、运动特征、堆积特征等运动特征的勘测，为治理工程设计提供参数。

1)泥石流工点地质勘探

(1)勘探点的位置和数量应满足泥石流工程设计的需要。

(2)在查明泥石流堆积物的组成、厚度与淤积速度时，可采用钻探、挖探和物探的方法。钻孔钻入基岩的深度应超过沟内最大石块直径的3～5倍。在查明堆积物成分和堆积层序的钻探中，宜采用干钻或其他有效方法钻进。

2)泥石流工点地质试验

(1)取代表性土样作泥石流流体密度(ρ_C)和颗粒分析试验。

(2)取样做试验或用比拟法确定固体颗粒密度(ρ_H)。

(3)对大型泥石流沟，应取主要补给区的土样作天然含水率(w_n)和天然密度等试验，必要时取泥石流堆积物土样作黏度(η)和静切力(τ)试验。

泥石流主要试验方法参见相关规范。

5.3.4 泥石流的工程地质评价

泥石流成因调查是深入了解泥石流现状、趋势的依据，为泥石流危险程度预测和治理对策的选择和设计提供参考。

危险性评价是泥石流工程地质评价的核心内容。危险的定量表达即危险度，是指公路遭到泥石流损害的可能性大小。据刘希林、唐川等人的研究《泥石流危险性评价》(北京：科学出版社，1995)，危险性评价方法如下：

1)泥石流危险因子

(1)一次泥石流(可能)最大冲出量

冲出物方量越大，遭到泥石流损害的可能性就越大，因此它是影响泥石流危险度最直接的指标之一，属主要危险因子。

(2)泥石流发生频率

危害后果大小除受控于冲出物数量，还决定于发生频率。若泥石流频率很高，造成的累积损害仍然可能很大。频率也是主要危险因子。

(3)流域面积

流域面积反映流域的产沙和汇流量。

(4)主沟长度

主沟长度决定着泥石流的流程和沿途接纳松散固体物质的多少，泥石流流程越长表明其能量和破坏力越大，因此它与泥石流危险度关系密切。

(5)流域最大相对高差

流域内最高海拔高度与最低点海拔高度之差即为流域最大高差。它反映流域的势能和泥石流携带固体物质的能力。

(6)地形切割密度

地形切割密度综合反映流域地质构造、岩性、岩石风化程度以及产沙和汇流状态。一般来说，流域切割密度越大，支沟侵蚀越发育，固体和液体径流越大，泥石流潜在破坏就越大。

(7)主沟床弯曲系数

主沟床实际长度与其直线长度之比即为主沟床弯曲系数。它反映沟道泄流的难易性，可影响沟道堵塞系数，从而间接影响泥石流流量和规模。

(8)泥砂补给段长度比

指泥砂沿途补给累计长度与主沟长度之比。它综合反映泥砂的范围和补给量。比值越大，表明泥砂补给的条件越好。

(9)24h最大降雨量

水是泥石流流体的组成部分，也是泥石流发生的激发条件，间接地反映了泥石流的潜在动能。

(10)人类活动强度

人类活动与泥石流关系比较密切。人类活动主要以切坡修路、开矿弃渣、砍伐森林、过度放牧等不良行为来加速泥石流的形成和发展。人口密度是人类活动强度的代表性因子，对危险度判定有一定影响。

2)泥石流危险度判定

各泥石流危险因子的赋值与其权重的乘积之和即为泥石流危险度，记为 R_d，且有 $0 \leqslant R_d \leqslant 1$。10项危险因子的赋值分别为 G_1、G_2、G_3、G_4、G_5、G_6、G_7、G_8、G_9、G_{10}，每个因子分为四级：小、中、大、极大，对应赋值0、0.3、0.7、1四个常数。则泥石流危险度的计算公式为：

$$
\begin{aligned}
R_d = & 0.2353G_1 + 0.2353G_2 + 0.1176G_3 + 0.0882G_4 + 0.0735G_5 + \\
& 0.1029G_6 + 0.0147G_7 + 0.0588G_8 + 0.0441G_9 + 0.0294G_{10}
\end{aligned}
\tag{5.3.4}
$$

式中：R_d——为泥石流危险度($0 \leqslant R_d \leqslant 1$)；其余符号意义见表5.3.4-1。

泥石流危险因子等级

表5.3.4-1

危险因子等级	小	中	大	极　大
一次泥石流最大冲出量 G_1(10^4m^3)	≤1	1～10	10～100	≥100
泥石流发生频率 G_2(%)	≤10	10～50	50～100	≥100
流域面积 G_3(km^2)	≤0.5	0.5～10	10～35	≥35
主沟长度 G_4(km)	≤1	1～5	5～10	≥10
流域最大相对高差 G_5(km)	≤0.2	0.2～0.5	0.5～1.0	≥1.0
流域切割密度 G_6(km/km^2)	≤5	5～10	10～20	≥20
主沟床弯曲系数 G_7	≤1.1	1.10～1.25	1.25～1.40	≥1.40
泥砂补给段长度比 G_8	≤0.1	0.1～0.3	0.3～0.6	≥0.6
24h最大降雨量 G_9(mm)	≤25	25～50	50～100	≥100
流域内人口密度 G_{10}(人/km^2)	≤50	50～150	150～250	≥250

泥石流危险度与泥石流活动特点和泥石流危险度与防治对策见表5.3.4-2、表5.3.4-3。

泥石流危险度与泥石流活动特点

表5.3.4-2

泥石流危险度	危险性评价	泥石流活动特点	灾情预测
≥0.85	极度危险	各危险因子取值极大，组合极佳，一触即发，能够发生巨大规模和特高频率的泥石流	可造成重大灾难和严重危害
0.60～0.85	高度危险	各危险因子取值较大，个别危险因子取值甚高，组合亦佳，处境严峻，潜在破坏力大，能够发生大规模和高频率的泥石流	可造成重大灾难和严重危害
0.35～0.60	中度危险	个别危险因子取值较大，组合尚可，能够间歇性发生中等规模的泥石流，较易由工程治理所控制	较少造成重大灾难和严重危害
≤0.35	轻度危险	各危险因子取值较小，组合欠佳，能够发生小规模低频率的泥石流或山洪	一般不会造成重大灾难和严重危害

泥石流危险度与泥石流防治对策

表5.3.4-3

泥石流危险度	危险性评价	防治对策	防治对象	工程设计标准
≥0.85	极度危险	防为主，治为辅	尽量绕避，不能绕避者建立预警避难系统；必要时采取生物和土建工程综合治理，将可能的灾害损失减少到最低程度	100年一遇
0.60～0.85	高度危险	防、治并重	加强预测预报和预警避难“软”措施，同时施以生物和土建工程综合治理“硬”措施；确保危害对象安全无恙	50年一遇
0.35～0.60	中度危险	治为主，防为辅	实施生物和土建工程综合治理即可抑制泥石流的发生发展；必要时可建立预警避难系统，避免一切不必要的灾害损失	20年一遇
≤0.35	轻度危险	防为主，治为辅	加强水土保持，保护生态环境，搞好群策群防；必要时辅以一定的工程治理	10年一遇

3)泥石流防治对策

根据防护对象的要求和泥石流特征及实际可能采取的措施，泥石流防治一般有三种体系。

(1)防止泥石流发生的体系

该体系是采取治坡、治沟、治滩工程，以及行政管理和法令措施等，对流域进行综合治理，控制水土，改善环境，防止泥石流发生。

不少泥石流灾害是由于水土流失恶性发展而形成。乱砍滥伐、毁林开荒、过度放牧以及人类不合理的生产生活活动所致的生态环境破坏，又是造成水土流失的主要原因。所以生物生态措施不但能防治水土流失，而且还是回归自然、减轻泥石流危害的根本性举措。从长治久安，大环境国土整治、区域性减灾意识出发，都必须充分运用生物生态措施来防治泥石流。尽管生物措施的见效周期较长，但较之于工程措施，其社会效益和综合经济效益高得多。只要持之以恒、措施得力，就能获得明显的综合性效益，达到稳、保、用之目的。

(2)控制泥石流运动的体系

该体系主要是采取拦挡、调节和排导工程等，使泥石流发生时能顺利通过，或堆积到预定区域，对保护区不造成危害。泥石流治理应该因势利导、顺其自然、就地论治、因害设防和就地取材，充分发挥泥石流排、拦、固防治技术特殊作用的有效联合。工程措施主要有排、拦、固，具有见效快、费用高的特点，是综合治理的先导工程和局部防治的有效措施。

(3)预防泥石流危险体系

在泥石流发生前采取预防措施，发生过程中采取警报措施，并对危险区内的项目采取保护措施，使泥石流在活动过程中不致引起严重危害。

泥石流监测预报体系是一项复杂的系统工程。其主要包括宣传教育、监测、预报和报警等内容，需要建立严密的预警体系和信息网络，方能适时预报，起到防灾、减灾、免灾和有灾无害的作用。

5.4 路基沉陷勘察

5.4.1 路基沉陷识别

路基局部路段在垂直方向产生较大的沉落，形成坑塘和裂纹，或因地基沉降路基整体下沉。路基沉陷的主要表现形式为路基局部高程较周围低，路面出现大量的裂缝。

路基沉陷的产生一般与路基基底土体的固结变形性质有很大关系，高填路基沉陷还与路基填料类型、填筑施工质量、路基断面形式、地表水和地下水、行车荷载等有关，季冻区还可能与冻融有关。

5.4.2 沉陷调查

路基沉陷的调查方法主要以资料收集和现场调查为主。调查内容包括：

1)危害调查

沉陷位置、范围、发生时间、造成的破坏、灾害的历史与现状等。

2)原因调查

路基形式、路基填筑情况、上部荷载、工程防护情况、基底岩土类型、地形条件、路基范围的地表径流条件与形成原因等因素的初步分析，并取得相应的影像资料。

5.4.3 沉陷勘测

通过相应勘测方法查明路基沉陷的范围、规模、深度、水文地质条件、黄土地基的工程性质等与灾害产生相关的内容，为沉陷原因分析、防治措施的选择、工程设计等提供支持。规模较大的沉陷勘察可分为初测和详测两个阶段，较小的沉陷合并为一个阶段。

1)初测阶段应符合下列要求

(1)查明路基沉陷的范围、规模、深度和类型。

(2)查明沉陷区地形、地貌特征及水文地质条件。

(3)沼泽地区应查明地表水的汇流和水位季节变化、地表水疏干条件、地下水露头及补给源等。

(4)应对测区地质情况以及特殊地质、不良地质的位置、特征、性质、发展规律,以及对路基沉陷的影响进行调查。

(5)搜集工作区域路基沉陷灾害发生的历史记录。

2)详测阶段应查明下列内容

(1)地形、地貌、微地貌形态,路基沉陷变形及其发展进程,井、泉、池塘、湿地等的分布与变化。

(2)路基及地基物质成分、性质,路基沉陷的具体规模、范围。

(3)路基荷载影响范围内地层岩性,土层厚度及分布范围,特别是基底的层间软弱夹层、软土、湿陷性黄土、有机质土等不良地质体,含水层性质及补给源等水文地质条件。

3)详测阶段勘探与测试方法及要求

(1)宜采用以静力触探、物探轻型螺纹钻为主的综合勘探方法查明沉陷软土或黄土地层厚度和物理力学性质。

(2)勘探点的位置应根据沉陷区的情况而定。

(3)勘探、测试深度应至硬底以下 1～2m,应有部分钻孔深度不小于地基计算压缩层的深度。

(4)一般钻孔应分层取代表性土样,层厚时可以按上、中、下分别取原状土;控制性钻孔应连续取芯,每一米孔深取土样 2 个。

5.4.4 沉陷的工程地质评价

1)路基沉陷的成因评价

(1)内因主要包括:路堤填料选择不当,填筑方法不合理,压实度不足,在荷载和水、温度综合作用下使堤身沉陷;原地面为较弱土层,填筑前未经换土,或压实不足而产生地基下沉,不同土质的材质没有分层填筑而采用混合填筑等。

(2)外因主要包括:排水措施不当使降雨渗入路基,降低了路基强度和抗变形能力,从而产生了沉陷;地表水浸泡、径流淘刷路基坡脚而产生的沉陷;路基边坡防护措施不到位引起的沉陷等。

2)危险程度评价

路基沉陷灾害的危险性评价可以从其特征因子、内外因影响因子的危险程度等级加以判断。具体可以从以下几方面评价:

(1)路基沉陷的范围。

(2)路基沉陷的深度。

(3)路基边坡高度、坡度。

(4)坡面冲刷、河流冲刷浸泡等地表水体的影响。

(5)路基含水率。

(6)不良地质体的厚度,如软土、湿陷性黄土、盐渍土、有机质土、新近堆积土等。

3)路基沉陷的处理对策

(1)软土沉陷防治措施

①综合防排水措施

通过设置排水沟、截水沟、支撑盲沟、盲沟、隔水墙、拦水带等防排水措施,拦截疏排地表水和地下水。

②换土复填法

将原路基出现沉陷部分的填土挖除,更换新的、符合要求的土质。

③复合地基加固法

复合地基加固法主要包括:加固土桩法、CFG桩法、树根桩法、高压喷射注浆等。

④挤密桩法

挤密桩法主要包括:砂桩挤密法、碎石挤密桩法、灰土挤密桩法等。

⑤其他方法

其他方法主要包括:土工聚合物加筋法、反压护道法、竖向排水体预压、挡墙加固方法、软基桥法、组合处治法等。

在处理路基沉陷问题中,要同时解决路基沉陷及稳定问题,可采用两种及两种以上的措施加以综合整治。

(2)湿陷性黄土路基沉陷防治措施

①综合防排水措施

通过设置排水沟、截水沟、支撑盲沟、盲沟、浸水挡墙、隔水墙、拦水带等防排水措施,防止降雨河流等地表水渗入路基。

②工程措施

工程措施主要包括:设置土垫层法、重夯法、强夯法、灰土椿挤密法、灰土基础加深、注浆充填法等。

5.5 洪水灾害勘察

公路洪水灾害可分为沿河公路水毁和暴雨山洪水毁。

已发灾害的调查包括对水毁形式、位置、规模、发生时间、地形地质条件,以及灾害的性质、形成原因、工程防护情况,水毁灾害的历史与现状等的调查。灾害治理工程调查的主要内容即水文调查。

5.5.1 洪水灾害易发路段

山区沿河公路是洪水灾害多发路段。沿河公路由于地形限制,不少路段为沿溪线半填半挖路基,或在山区河流的开阔河谷地段沿河堤修筑路基,使路基的一侧成为河岸。填方多为开山废渣,填方中可能有大量的块石构成路基边坡。填方压缩了本来就很狭窄的狭谷河床,使得河流局部河段的流速变化较大。

山区公路一般标准偏低，包括小型排水构造物的排水系统不尽完善，山区陡坡排水设施以及小桥涵的进出口的处理往往不到位。

此外，在山区排水构造物的设计中，往往是考虑排水的要求，而忽视了输砂的要求，造成泥砂堵塞排水沟渠。

秦岭山脉是我国的气候分界线和江河的分水岭，无论是气团运动的峰面雨还是地势陡峻形成的地形雨以及气流强烈对流形成的对流雨，其降雨量或降雨强度大，夏季常常形成暴雨中心。同时，山区坡面陡峻，岩石裸露，降水入渗很小，汇流时间短；汇水面积小，洪水暴涨暴落，持续时间短。山区河流的比降大，且沿程变化大、河道窄、流速大、水流流态紊乱，存在回流漩涡、跌水和水跃，洪水的破坏力很强。山区河流的平面形态极为复杂，多为峡谷段与开阔段相间，多急弯、卡口，常会受到滑坡、泥石流堆积物的影响，造成河道阻塞，引起河床剧烈变化。

由于上述原因，我省山区沿河公路极易因洪水造成各种类型的水毁，下列情况为易发生水毁的路段。

1)河湾凹岸沿河公路路基因冲刷易造成坍塌

河湾中因弯道环流的存在导致凹岸冲刷、凸岸淤积，沿河湾凹岸的公路路基边坡坡脚受到水流的淘刷，易造成路基坍塌。路基坍塌的位置以及范围大小与河湾凹岸冲刷深槽的范围和冲刷深度有直接关系。

由于现场情况、施工条件、环境因素等限制，石砌护坡和挡土墙的基础往往不能达到所需的深度，汛期洪水将护坡和挡土墙的基脚淘空，使其倾倒或垮塌。

此外，也有一些沿河公路，选线时为了避免凹岸水流冲刷、节省投资而不修建防冲构造物，而是将路线选在距河岸一定距离，但由于河道变迁、河湾发展，河岸冲刷使河岸线逐渐逼近路基，从而使未做路基冲刷防护工程的沿河路基受到水流冲刷而产生水毁。

2)路基设计高度偏低造成洪水淹没路基路面

位于山区河流狭谷段的沿河公路，常压缩河道，束窄河床，对水流干扰明显。洪水时局部河段的壅水可导致水位超过路基高程时，洪水漫溢路面，造成水流沿路面的纵向冲刷，毁坏路面、路基；同时，由于浸水路基受到水的浮力、侧向压力及冲刷作用，造成路基全毁或局部水毁。

3)股流顶冲或斜冲路段

顺直河段的支流汇入，将主流逼向路基一侧，引起的公路水毁。

山前区顺直的宽浅变迁型河段和山区河流开阔段，许多岛状沙滩和边滩沙滩引导水流冲刷河岸；由于股流(非常集中的水流)的流速大，泥沙运动强烈，当遇到较大沙滩的阻碍时就折向新的方向，冲出新的河槽。这样的折线形流动，常常以很大的角度顶冲或斜冲向沿河路基，危及路基安全。

4)河道被压缩路段

河道被压缩主要是人为地侵占河槽，导致河道变窄，挤压水流，引起该河段的一般冲刷加大，导致公路水毁；或压缩导致洪水壅水过高，路面被淹没，退水时对路面和路肩产生冲刷。

5)泥石流通过路段

泥石流通过路段可形成反复水毁。由于泥石流冲刷及冲击力强，所到之处建筑易被摧毁，桥梁下部结构易遭受泥石流破坏，沿溪线临河路基也易被泥石流冲断或淤埋。此外，泥石流造成小桥涵洞阻塞，进而造成洪水冲毁路基。

6)路基排水系统不完善路段

公路排水系统是抵御暴雨洪水灾害的重要设施,排水系统不完善往往使小灾酿成大患。

5.5.2 水文调查

1)水文资料搜集

(1)路段所在地区的河网分布图,与路线关系密切的河流年最大洪峰流量序列,河床糙率、河流纵坡、洪水比降等,用以计算设计频率洪水流量、流速、水位。

(2)路段所在地区的设计频率下不同历时的暴雨特征值。

(3)必要时搜集径流参数,包括平均径流深度、径流系数等。

2)河段调查

(1)收集河段历年变迁的图纸和资料,调查河湾发展及滩槽稳定情况。

(2)调查支流、分流、急滩、卡口、滑坡、塌岸和自然壅水等现象。

(3)调查水流泛滥宽度、河岸稳定程度。

(4)调查河床冲淤变化,上游泥沙来源,历史上淤积高度和下切深度。

(5)调查河堤设计标准、河道安全泄洪量及相应水位。

(6)调查河道整治方案及实施时间。

(7)调查航道等级,最高和最低通航水位。

(8)调查筏运,漂浮物类型及尺寸。

(9)根据河床形态、泥沙组成、岸壁及植被情况,确定河床各部分洪水糙率。

3)洪水调查

(1)结合所收集的历史洪水资料,在河段两岸调查较大洪水发生的时间、洪痕位置、洪水来源、涨落过程、主流方向,调查有无漫流、分流及受人工建筑物的影响,确定洪水重现期,调查河床断面冲淤变化情况。

(2)洪水痕迹是确定洪水水位和计算流量的依据。洪水调查的河段宜选择两岸有较多洪痕点,水流顺直稳定,无回流、分洪及人工建筑物影响,并宜靠近水文断面。

(3)同一次洪水应调查三个以上较可靠的洪痕点,做出标志,综合分析、判断洪痕点的可靠性。

4)涉河工程调查

(1)桥位河段上既有桥渡工程的跨度、基础埋深、修建年代、水毁和防护等情况。

(2)堤坝设计标准、结构形式、基础埋置深度、施工质量、洪水检验情况。

(3)上、下游水库位置、设计频率、泄洪流量、控制汇水面积、回水范围及建库后上、下游河床冲淤变化。

(4)其他涉河工程,如取水口、泵站、码头、贮木场、锚地等的位置及其对公路工程的影响。

5.5.3 路基洪水灾害勘测

(1)水文断面沿路线布设的间距,可取1～2倍河宽;在河床断面及纵坡有明显变化、较大支流汇入、分流前后、历史洪水调查点附近,应增设水文断面。水文断面的施测范围,应符合《公路工程水文勘测设计规范》(JTG C30—2002)相关规定。

(2)河段地形地物图应包括对工程有影响的河段,高程测绘至历史最高洪水位以上;测绘内容着重于影响流向的地形、地物、并应标出水文断面及历史洪水位。比例尺取 1∶5 000。

(3)河床比降可利用河段地形图点绘，洪水比降测绘应给出测时水面比降线、历史洪水比降线，作出水毁发生河段的纵、横断面图。

(4)通过勘测和试验取得冲刷计算河段中河床下各层河床质名称、筛分结果；如有基岩，应勘明覆盖层深度，岩石类型，风化层厚度，基岩的力学性质和水理性质。将这些成果绘成地质断面图，并详细说明。

5.5.4 沿河公路洪水灾害评价

1)危险性评价

根据本指南第 4 章中的等级划分标准评价灾害规模等级和灾情等级。对于潜在灾害点，可根据表 5.5.4-1 中的评价因子评价水毁危险性。

沿河公路水毁危险性评价因子　　表 5.5.4-1

因　子	内容说明
主要水毁类型	由汛期强降雨引发的洪水造成的水毁占绝大部分，路基水毁发生的原因主要是：基础冲刷淘空、边坡冲刷、水流冲击导致挡土墙倒塌；路面水毁的原因主要是：路面高程偏低、洪水位过高引起的水漫路面；上边坡排水系统不完善使坡面水流在路面上漫流，冲刷路面
洪水流量	山区洪水突发性强，洪水流量与降雨强度对应。流量越大，造成的损失越大，大流量持续的时间越长，危害越大
洪水位	对于山区河流，流量越大，水位越高；水位与沿河公路高程的相对位置与河流形态有关。峡谷河段水位上升明显，容易威胁到路基及路基防护构造物；开阔河段水位上升较为和缓，最高水位受河滩地形影响较大。洪水位淹没范围内的路基才会出现不同类型的水毁，线位较高的沿河公路路基因洪水而发生水毁的频率很低
流速	河底比降大的河段，水流速度大，水流冲刷、冲击作用强烈。因山区河流洪水时水面比降变化大，会造成局部河段水流速度过大且剧烈波动，有时水流速度超过 15～20m/s
河流形态与水毁多发位置	峡谷段河流的河床多为基岩或大飘石，沿河公路水毁多表现为水流冲击和滚石的撞击，或水位过高漫上路面；开阔河段的河床质多为卵石夹沙，沿河公路水毁多表现为路基坡脚冲刷和路基边坡坡面冲刷。 在平面形态上，沿河公路水毁多发部位主要有：河湾凹岸及河湾出口附近凹岸一侧顺直段；河流断面压缩段及附近上游；因地形引起的水流斜冲、顶冲点及附近下游
沿河公路防护形式	沿河公路路基多采用石砌(浆砌或干砌)挡土墙或护坡，部分路段为石砌(浆砌或干砌)挡土墙或护坡配合护坦进行基脚冲刷防护。开阔河段的凹岸防护也有采用石砌(浆砌或干砌)挡土墙或护坡与护坦、丁坝等进行综合防护的情况
防护中应注意的重点问题	采用石砌挡土墙或护坡时，基础埋置深度和墙体稳定性是冲刷防护的重点；对峡谷河段，挡土墙或护坡防护的高度应尽量高一些，以防止洪水时部分河段壅水过高，对路基边坡造成坡面冲刷；防护工程出现局部损坏时应及时修复，因为局部损坏将导致防护工程局部防护能力明显下降，而防护工程局部水毁将威胁防护工程的整体安全
防护等级与完善程度	尽管近年来公路防洪能力有了较大的提高，但总体上看，所管养的路段多为旧路改造、等级提高的路段，公路等级总体偏低，防护设施与防排水系统不够完善，抗洪能力较弱。对已发生的水毁工程进行修复并采取合理的防护措施后，在同一位置再发生水毁的频率大为降低，若仅仅是对水毁工程进行恢复，则重复水毁的可能性仍然比较大

2)沿河路基水毁防治对策

应基于水毁形态与成因机理,根据不同防治措施的防护原理、自身的强度、经济性和适用条件,考虑当地经济、技术、材料等条件,因势利导、因地制宜地提出水毁防护措施的合理形式。

一般来说,根据各种防护形式的防护特点可知:①对于山区峡谷河段的沿河路基,应以顺水流方向的护坡、挡土墙配合护坦等基脚防护工程为主;②对于较为宽阔的河湾凹岸,路基防护形式可采取在石砌护坡或挡土墙、护坦等防护的基础上配合短而低的漫水丁坝群;或护坦配合潜坝,可起到更好的防护效果;③对于较为宽浅顺直的河段,则可采用较短的漫水丁坝群。

沿河公路水毁一般处置对策,如表 5.5.4-2 所示。

沿河公路水毁一般处置对策 表 5.5.4-2

沿河公路水毁类型	一般情况下的处理对策
①河湾凹岸的冲刷(包括股流弯曲对路基的斜冲、地形变化或挑流引起的顶冲或斜冲等)	调查河段的特征与类型、水流特点、河流特征(如平面形态、河床质组成等),分析凹岸冲刷(或股流冲刷、顶冲与斜冲等)的具体情况,包括冲刷的位置、范围、深度。 峡谷河段宜采用石砌护坡、挡土墙防护,或护坡、挡土墙配合护坦、抛石进行基础防护;山区开阔河段、变迁性河段可采用石砌护坡、挡土墙防护,或护坡、挡土墙配合护坦、漫水丁坝群进行基础防护。材料、工艺可以根据当地的实际情况选择浆砌、石笼、预制混凝土板(块)及土工材料等
②顺直河道和弯曲河道的压缩冲刷(包括地形突变引起的河道变窄,人为因素导致的河道断面突然缩小等)	沿河公路压缩冲刷的冲刷深度与压缩断面的水流速度、压缩断面进口处的形状有关,应特别注意断面压缩引起的挑流等作用。 一般情况下应采用边坡直接防护形式(如:护坡、挡土墙),配合护坦进行基础冲刷防护。不宜采用丁坝、丁坝群再对河道断面进行压缩,在某些条件下也可以采用短、密、低的漫水丁坝群防护
③洪水位过高,淹没路面,水流纵向冲刷或急速退水冲刷	因河流断面过度压缩、洪水位过高或设计水位偏低、路基设计高程偏低等原因,导致洪水期路面被淹没。通常应避免过分压缩河道,对特别不利的局部地形可以进行整治清障;提高路基高程;完善路基路面排水系统;硬化路肩或修建拦水墙,提高抗冲能力
④河道挖沙引起河床下切,路基冲刷、基础埋深不足引起沿河公路路基水毁	加强河道管理,禁止在沿河公路上下游一定范围内作为开采砂石的料场;观测、分析河道挖沙对河流水势、河床变形的影响,及时对沿河公路路基采取加固地基和基础、护坦或沉排等防冲刷措施
⑤桥梁引道冲刷	设置适当的调治导流和防护工程;重建桥梁,加大过流净空
⑥涵洞冲毁或堵塞,及由此引起路基冲断	处理好涵洞的位置、进出口与相关排水设施的关系,清除淤积堵塞、加固涵洞或扩大过流净空

5.6 陕北黄土路基灾害勘察

黄土在我省的分布范围相当广泛,黄土地区的公路路基灾害除了常见的地质灾害和路基水毁灾害以外,最常见的就是黄土地区路基塌陷和坡面冲刷。路基塌陷灾害的主要诱发因素为黄土暗穴;坡面冲刷主要由黄土本身的特性引起,比如黄土的易崩解性、湿陷性等,在降雨条件下形成的一种坡面侵蚀现象。

黄土路基塌陷对公路的破坏几乎包括了组成公路的各个部分，包括对路基路面的破坏、路堤及路基边坡的破坏及对公路排水设施的破坏等。

5.6.1 黄土路基塌陷的识别

对黄土地区路基塌陷灾害的识别可以从以下几方面入手：

1)灾害的特征

通常在路域范围内出现明显的凹陷、裂缝、塌陷等。

2)灾害对公路各部分的破坏形式和特点

路面有明显的纵、横向裂缝；路基出现明显的塌陷；排水设施，特别是出口地方明显出现破坏或者下沉；公路边坡出现明显的滑塌破坏；路肩部位出现明显不均匀沉陷与裂缝。

3)黄土路基塌陷灾害

黄土路基塌陷灾害主要是由黄土暗穴诱发的，故黄土暗穴的发育特点及分布规律可以为灾害识别提供参考依据：

(1)地貌类型

地貌单元主要为黄土残塬梁、黄土梁峁区的地区，公路黄土暗穴普遍发育密度较高；各类地貌单元中发育的冲沟中，黄土平梁、黄土塬及黄土残塬的边缘地带及与冲沟之间的斜坡地带，缓梁浅谷或深谷的斜坡地形变化强烈的微地貌上公路黄土暗穴发育最为强烈。黄土缓峁、宽峁的坡度变化明显地带也常常较发育。

(2)土性从土性上看，公路黄土暗穴的形成和分布与黄土物质的特殊性质，尤其是与其颗粒成分、疏松程度、湿陷性及崩解性等有着紧密的联系。

(3)暗穴的分布从公路工程不同部位看，暗穴主要分布在路堤和路堤段的边坡、公路转弯处内侧、边沟、排水沟、排水渠以及路肩与路面衔接处等部位。此外，一些公路桥涵、隧道的某些部位也时有暗穴的发生。

4)灾害的易发区域

黄土暗穴分布与黄土湿陷性强弱的分布规律基本一致。

5.6.2 黄土路基塌陷调查

黄土路基塌陷灾害的调查方法以资料收集、巡查和现场调查为主。调查内容包括以下几方面：

(1)区域孕灾条件调查，主要包括降雨、植被、人类工程活动、黄土类型等。

(2)路域范围内灾害情况，包括灾害的数量、严重程度、灾害对路基及其排水等附属设施的破坏情况。

(3)对危险性大的灾害进行详细调查，包括类型、规模、成灾位置、路基损坏部位等，并对成因进行初步判断。

(4)对线路进行灾情调查，包括灾害数量、路基毁坏及造成的损失情况。

5.6.3 黄土路基塌陷勘测

在灾害调查的基础上，需对需要整治的灾害点进行详细的勘测，为灾害整治工程提供依据。具体勘测内容如下：

(1)路基塌陷的概况及位置,包括塌陷的范围、规模、主要诱发因素等。

(2)路基塌陷所处的地质环境,包括路基塌陷所处地区气候条件和黄土的特性等。

(3)采用探地雷达、面波、高密度电法仪等新兴的岩土工程原位测试勘察方法,对暗穴进行详细勘测,在勘测的基础上绘制整治工程所需的图件。

(4)绘制施工便道的布设图。

5.6.4　黄土路基塌陷评价

1)黄土路基塌陷灾害的成因

黄土路基塌陷灾害的成因可分为内因和外因两类。

(1)内在因素

黄土地层时代,黄土湿陷性,黄土微观结构、渗透性、崩解性、抗冲性及黄土中的节理是影响黄土暗穴发育程度的重要因素,尤其黄土湿陷性及地层时代对塌陷灾害的发育起决定性作用。

野外调查发现,垂直节理、次生张开垂直节理、斜节理、构造节理、风化裂隙和卸荷裂隙发育的地区,黄土路基塌陷也十分发育。水流沿着各种节理、裂隙入渗,并对土体产生潜蚀和冲蚀作用,为塌陷的形成提供了水流通道。

(2)外在因素

①降雨特征

黄土路基塌陷灾害的形成与发展与暴雨的强度和暴雨频数有关,暴雨的强度和历时对黄土路基塌陷的发育程度和类型均有影响。降雨是灾害形成的直接水源,成为灾害形成过程中最基本的条件。

②地形地貌

黄土梁峁地貌单元内发育的微地貌(冲沟)、地形和地面坡度对黄土路基塌陷的发育影响较明显。

③工程因素

公路工程的挖、填方等对原有的地形改变,破坏了正常的地面径流条件和植被情况,截断了地面汇集水流的排泄而形成积水,在填土与下部原土层接触界面处可能引起黄土湿陷。因公路排水系统设计不完善,或进出口处理不当,或施工质量较差,也常常导致黄土沉陷,造成路基沉陷或塌陷。

2)灾害危险程度

黄土暗穴成为黄土地区公路灾害的一大根源。由于黄土暗穴的成因较复杂,对公路的危害受多种因素的影响,可概括如下:

(1)黄土湿陷性较强的地区,黄土路基塌陷灾害较严重,对公路的危害也较严重。

(2)在黄土暗穴发育程度高的黄土梁、峁及冲沟等地貌单元内,黄土路基塌陷灾害较严重。

(3)自然条件越恶劣的区域,路基塌陷灾害越严重;自然条件主要包括降雨和植被等方面。

(4)公路养护工作比较滞后,排水设施遭到严重破坏或堵塞的地段,黄土路基塌陷对公路的危害越严重。

3)黄土路基塌陷的防治对策

(1)做好路域范围内的截排水措施。

(2)灌砂、灌浆、开挖回填、导洞和竖井等。

(3)黄土路基塌陷防治应以预防为主,消除其产生的可能条件。如加强排水,把坡面水引排至路基影响范围以外或填平坡面上的积水坑。在坡面土质松散的地方,可铺填黏土并夯实或种植树木。

(4)增设防渗设施,对已形成或正在形成的塌陷,除了开挖分层夯实外,还应在源头设截水沟、挡水墙等措施,并做好防渗措施。

(5)还可以采用土工格室、爆破法、强夯法、SDDC 法等。

5.6.5 黄土坡面冲刷

1)黄土坡面冲刷调查

由于黄土结构疏松以及黄土遇水崩解性,在降雨或地表水流作用下,边坡的冲刷破坏十分严重,很容易发育成边坡冲沟,尤其是路堑边坡、土路肩及路堤边坡顶部,如处理不当、边坡无植被或未采取工程防护措施,很容易产生冲蚀。

黄土坡面冲刷的调查方法以巡查和现场调查为主。鉴于黄土坡面冲刷灾害形式简单,调查内容也比较简单,主要包括以下几方面:

(1)区域孕灾条件调查,主要包括降雨、植被、地形地貌、人类工程活动、黄土类型等。

(2)对路基排水范围地形及路域排水条件进行详细调查。

(3)对已经破坏坡面破坏方式及可能成因进行详细调查。

2)黄土坡面冲刷防治对策

(1)工程防护

工程防护是指采用砂石、水泥、石灰等矿质材料进行坡面防护。工程防护的主要方法有:砂浆抹面、勾缝或喷涂以及石砌护坡或护面墙等。抹面防护适用于石质挖方边坡坡面,岩石表面易风化,但比较完整,尚未剥落,目的是预防表层风化;喷素混凝土防护适用于边坡无渗水、易风化、裂隙和节理发达、坡面不平整的岩石挖方边坡;勾缝与灌浆用于比较坚硬的岩石坡面,以防水渗入缝隙,形成大的冲沟,可视缝隙深浅与大小,分别予以灌浆或勾缝等;石砌护坡即边坡为防止地面水流冲刷而设置的砌片石护面;干砌片石防护适用于土质、软岩以及易风化、破坏较严重的边坡以防止雨、雪水流冲刷。黄土地区坡面风化严重,进行有效的工程防护措施可以防止和延缓坡体的风化。

(2)植物防护

由于黄土的持水能力差,边坡一般较陡,除坡顶外,要在边坡上种植树木可能性较小,一般采用植草。种草可以防止坡体表面水分的流失,固结表土,增强坡体稳定性。黄土的直立性强,黄土地区路堑边坡一般设计的比较陡,种子很难附着,而且黄土地区降水量较少,一般年份降雨量都低于 800mm,种植植被最大难点是要解决植物的水分供应问题,因此进行黄土边坡前期处理十分必要。挖穴和挖水平沟是黄土边坡有效的处理措施。

(3)排水措施

水是边坡坡面破坏的重要根源之一,在水的作用下黄土崩解分散成细小的颗粒,进而被水推移运动,造成坡面形成无数的小冲蚀槽、坡面湿陷、洞穴等,日积月累这些小冲蚀槽、洞穴等逐渐加深、扩大形成黄土冲沟，在冲沟的沟边往往易发坍塌、滑坡等地质灾害，导致整个坡体失稳。因此，合理有效的排水措施是防止边坡坡面冲刷破坏的最直接、最有效的方法。边坡排水设施主要有：截水沟、排水沟、急流槽、挡土墙排水等。

①截水沟能有效地拦截坡顶汇水所形成的地表径流，减少雨水对坡面的冲刷侵蚀。由于黄土的独特水理特性，截水沟必须具备防冲防渗功能，一般采用浆砌片石修筑，浆砌厚为20～30cm，断面梯形。铺砌片石顶端不得高于地表面，以利于地表径流进入截水沟。

②急流槽是黄土地区常用的排水构造物，因为急流槽坡度大，修筑在天然黄土上的急流槽易滑脱、破损，因此，在设计时应特别注意下部底座的稳定。

6　灾害治理工程设计要点

6.1　一般原则

灾害防治工程设计必须贯彻“安全、经济、耐久、和谐”的理念；遵守因地制宜，就地取材的原则；结合当地的经济、技术条件，吸取国内外成功经验，积极采用新技术、新材料、新设备、新工艺；节约用地，重视环境保护，注意与其他建设工程相协调，使公路灾害防治项目取得经济、社会和环境的综合效益。

（1）为防止中断交通，保障行车安全，对于公路路基灾害应采取及时有效、安全适用、经济合理、技术可行的治理措施予以治理。

（2）路基灾害治理工程设计，应在当地水文、气象、地形、地质、工程材料、公路等级、工程造价等方面基本资料和数据的调查研究、勘察试验的前提下进行。

（3）在灾害防治工程规划的基础上，灾害防治工程设计分为初步设计和施工图设计两个阶段。

（4）灾害治理工程设计，应综合考虑灾害类型、成因、稳定性及变形破坏机理、水文地质及工程地质条件、场地建（构）筑物及施工影响等因素，有针对性地采取各种工程措施，进行综合治理。

（5）灾害治理工程措施类型较多，各种措施均有其相应的适用条件及组合形式。应在充分论证、动态优化设计的基础上，因地制宜地选择工程措施与综合治理方案，以最少的投资取得最佳的工程效益，达到减灾防灾的目的。

（6）灾害治理工程措施的选择应充分考虑到：治理工程的功能性、不同工况条件下的安全性和耐久性、工期安排、投资的经济性、后期维护、工程岩土体的性质、施工技术条件、场地条件、施工交通条件及施工环境、与相邻工程的结合及对相邻工程的影响、地方材料资源等具体因素和环境保护、绿化景观、水土保持等方面的要求。

（7）在灾害治理工程设计过程中，应注重工程防护和植物防护相结合、临时防护和永久防护相结合，积极开展公路灾害防治研究，鼓励技术创新和灵活借鉴经过论证的新技术、新材料和新工艺。

（8）对各项灾害治理工程设计，应注意我省的区域自然环境及灾害点的特殊性，具体问题具体分析，充分考虑施工要求，保证设计的可靠性，并做好治理前后的技术资料搜集、整理和建档工作，供类似的公路灾害防治工程参考、借鉴。

除应符合本技术指南外，还须符合国家或行业有关标准、现行规范、规程的规定和程序。

6.2　崩塌与落石的防治设计要点

对于崩塌和落石的防治，常用的方法有：对悬挑的危岩、险石及时进行清除；设置必要的排水系统；当出现裂缝或显著裂隙时应进行勾缝、灌浆；对易风化的坡面进行抹面、捶面、干砌片石、浆砌片石、护面墙等坡面防护；针对倾倒或张拉变形，宜采用锚固措施；对于受崩塌、落石威胁的路段，可在坡面上采用SNS柔性网防护系统，或在坡脚设置拦石墙、落石槽、防护棚洞等。

选取治理措施时，应根据具体情况而定，与环境保护相结合，并注意施工期间的安全。

6.2.1　清理坡面

对于规模不大的崩塌或落石，应首先考虑全部清除的防治方案，应根据其具体情况设计清除工艺，避免对岩体的进一步扰动，一般用机械或人工清除。若爆破，则宜采用控制爆破，条件许可时可采用膨胀剂。清除后针对崩塌体后方岩体具体情况采取必要的防护，如柔性防护网等。

6.2.2　排水设计

当存在裂缝、裂隙水压力时，应采用相应的排水措施。当危岩体顶部出现裂缝或显著裂隙时，应采用混凝土预制板等予以封盖，设置截水沟使地表水不能注入裂缝。

6.2.3　勾缝与灌浆

勾缝与灌浆适用条件：较坚硬不易风化的岩石路堑边坡，节理裂缝多而细者用勾缝，大而深者用灌浆。

勾缝与灌浆设计要点：勾缝、灌浆应密实，慎防浸水。

6.2.4　抹面与捶面

1)适用条件

(1)对各种易于风化的软岩层(如泥质砂岩、页岩、千枚岩、泥质板岩等)边坡，当岩层风化不甚严重时。

(2)所防护的边坡本身是稳定的，其坡面形状、局部坡度及平顺性不受限制。

(3)所防护的边坡，须是干燥、无地下水的岩质边坡。

2)设计要点

(1)抹面与捶面工程的周边与未防护坡面衔接处，应严格封闭，如在其边坡顶部作截水沟，沟底与沟边也要用抹面或捶面防护。

(2)大面积抹面或捶面时，每隔5～10cm应设伸缩缝，伸缩缝宽为1～2cm，缝内用沥青麻筋或油毛毡填塞紧密。

(3)抹面厚度一般为5～7cm；捶面厚度为10～15cm，一般为等厚截面，当边坡较高时，采用上薄下厚截面。

(4)抹面与捶面工程应经常检查维修，发现裂缝、开裂或脱落应及时灌浆修补。抹面使用年限为6～8年，捶面使用年限为10～15年。

6.2.5　干砌片石防护

1)适用条件

较缓的(不陡于1∶1.25)土质路基边坡，因雨、雪水冲刷会发生流泥、拉沟与小型溜坍，或有严重剥落的软质岩层边坡，周期性浸水的河滩、水库后台地边缘边坡，均可采用干砌片石防护。

2)设计要点

(1)单层干砌片石护坡厚度为 0.15～0.25m,双层铺砌护坡的上层为 0.25～0.35m,下层为 0.15～0.25m。

(2)铺砌层底应设垫层,垫层材料一般常为碎、砾石或砂砾混合物等。

(3)所用石料应是未风化的坚硬岩石,其重度一般不小于 20kN/m^3。

(4)护坡坡脚应修筑基础。

6.2.6 浆砌片石防护

1)适用条件

(1)路基边坡缓于 1∶1 的土质或岩质边坡的坡面防护,采用干砌片石不适宜或效果不好时可用浆砌片石护坡。

(2)对于严重潮湿或严重病(灾)害的土质边坡,在未采取排水措施以前,不宜采用浆砌护坡。

2)设计要点

(1)浆砌片石护坡的厚度一般为 0.2～0.5m,在冻胀变形较大的边坡上护坡底面应设置 0.10～0.15m 厚的碎石或砂砾垫层。

(2)浆砌片石护坡每隔 10～15m,应留一道伸缩缝,缝宽约 2cm,缝内填塞沥青麻筋或沥青木板等材料。在基底土质有变化处,还应设置沉降缝,可考虑将伸缩缝与沉降缝合并设置。

(3)护坡的中、下部应设泄水孔,以排泄护坡背面的积水及减少渗透力。泄水孔的孔径可用 10cm 的矩形或直径为 10cm 的圆形孔,其间距为 2～3m。泄水孔后 0.5m 的范围内应设置反滤层。

(4)路堤边坡上采用浆砌片石护坡,应在路堤沉实或压实后施工,以免因路堤的沉落而引起护坡的破坏。

6.2.7 护面墙

1)适用条件

(1)为了覆盖各种软质岩层和较破碎岩石的挖方边坡,免受大气因素影响而修建的墙,称为护面墙。

(2)护面墙多用于易风化的云母片岩、绿泥片岩、泥质页岩、千枚岩及其他风化严重的软质岩层和较破碎的岩石地段,以防止继续风化。

(3)护面墙除自重外,不担负其他荷载,亦不承受墙后的压力,因此护面墙所防护的挖方边坡陡度应符合极限稳定边坡的要求。

(4)护面墙有实体护面墙、窗孔式护面墙、拱式护面墙和肋式护面墙等。实体护面墙适用于一般土质及碎石边坡;窗孔式护面墙用于边坡缓于 1∶0.75 的边坡,窗孔内可采用捶面(坡面干燥时)或干砌片石;拱式护面墙用于边坡下部岩层较完整而需要防护上部边坡者或通过个别软弱地段时;边坡岩层较完整且坡度较陡时采用肋式护面墙。

2)设计要点

(1)实体护面墙

①实体护面墙的厚度视墙高而定，一般采用0.4～0.6m。底宽一般等于顶宽加$H/10$～$H/20$(H为墙高)；单级护墙的高度一般不超过15m，多级护墙的总高度一般不超过30m。

②沿墙身长度每隔10m设置一道2cm的伸缩缝，缝内用沥青麻筋填塞。在泄水孔后用碎石和砂做成反滤层，以排除墙后排水。

③修筑护面墙前，对所有的边坡清除风化层至新鲜岩层，对风化迅速的岩质(如云母岩、绿泥片岩等)边坡，清挖出新鲜岩面后，应立即修筑护面墙。

④护面墙的顶部应用原土夯填，以免边坡水流冲刷，渗入墙后引起破坏。

(2)窗孔式护面墙

窗孔式护面墙的窗孔通常为半圆型，高为2.5～3.5m，宽为2.0～3.0m，圆拱半径为1.0～1.5m，基础、厚度、伸缩缝、墙身坡率及耳墙等要求与实体护面墙相同，窗孔内视具体情况，采用干砌片石、植草或捶面。

(3)拱式护面墙

拱跨较小时(2～3m)，拱圈可采用M10水泥砂浆浆砌片石，拱高视边坡下面完整岩层高度而定。拱跨较大时(5.0m以上)，可采用混凝土拱圈，拱圈厚度根据拱上护面墙高度而定。

6.2.8 锚杆(索)

1)适用条件

钢筋锚杆(索)适用于滑移式崩塌。许多情况下，单纯采用削坡或挡土墙效果并不理想，为了稳定边坡，采用锚杆(索)加固边坡。在崩塌体稳定性较差的情况下，宜采用施工扰动小的防治措施。当危岩体规模大，加固深度大于6m，一般考虑采用锚索加固。

2)设计要点

(1)应使用不低于强度等级为42.5号的硅酸盐水泥，杆体直径一般宜为16～25mm。

(2)砂的粒径不大于2.5mm，使用前应过筛，严防石块和杂物等混入。

(3)采用先注后插法施工时，砂浆的配合比宜为水泥∶砂=1∶1，水灰比一般为0.42～0.45，杆体头部应做成尖头。

(4)采用先插后注法施工时，砂浆的配合比宜为水泥∶砂=1∶1，水灰比一般为0.45～0.50。

6.2.9 拦石墙

1)适用条件

拦石墙一般适用于坡度小于25°～35°，且有一定宽度的地表平台地段，可采用块石砌筑，也可以用桩板式结构。

2)设计要点

拦石墙顶宽不小于2m。墙背缓冲堤应分层填筑，压实度不小于85%，并应保护自身稳定。必要时，可用加筋土，表面可用片石护坡，拦石墙厚度及高度，由危岩块落石弹跳轨迹及落石冲击力确定，必要时进行专项设计。

6.2.10 SNS防护网

SNS(Safety Netting System)柔性拦石网系统是利用钢绳网作为主要构成部分来防止崩

塌落石危害的柔性安全防护系统。

1)适用条件

SNS 防护网包括主动防护网和被动防护网。被动防护网适用于边坡岩石不是太破碎，坡度不太陡的情况；而主动防护网适用于风化破碎较严重的岩石边坡，当落石较大，边坡倾角大于 40°时，被动防护网不再适用，可设置锚钉，并拴在网上，遏制了落石动能的增大。由于 SNS 柔性网防护系统材料性能稳定、安装方便快捷、施工简单、易操作、防岩崩效果好，所以它适宜在开挖成台阶的高大边坡上使用。

2)设计要点

(1)选准防护系统的型号

认真调查、了解工程地段崩塌落石灾害历史，做好地质测绘和分析，摸清危岩分布情况和危岩大小，计算其滚落到 SNS 柔性防护网位置时所具有的动能，据此选择被动防护系统的型号。

(2)合理布设防护系统的位置

计算落石弹跳的高度，结合初设的防护系统高度，以落石不能腾越防护系统为原则，灵活布设 SNS 柔性防护系统的位置。必要时，可修建落石槽。

(3)柔性防护网按防护原理和目的可分主动防护网和被动防护网。被动系统的防护是在某一位置设立防护网，用于拦挡边坡岩崩和落石以免破坏保护对象；主动防护系统是用钢丝绳网覆盖或包裹在需要防护的山坡上，阻止边坡岩体发生破坏，或者将破坏的岩体控制在一定的安全范围内。设计指标如表 6.2.10-1、表 6.2.10-2 所示。

主 动 防 护 系 统　　　表 6.2.10-1

型　号	基 本 构 成	防 护 功 能
WF	上边沿钢丝绳锚杆＋支撑绳＋钢丝绳网＋缝合绳	柔性防护围护网，限制大块落石的运动范围，部分抑制崩塌的发生
WF-A	同 WF	同 WF，增加防腐性能，不适合于体积大于 $1m^3$ 大块落石的防护
JG	系统钢丝绳锚杆＋支撑绳＋钢丝绳网＋缝合绳＋孔口凹坑＋张拉	柔性防护主动加固系统，主要抑制崩塌、风化剥落及坍塌的发生，限制局部或少量落石运动范围
JG-A	预应力钢筋锚杆＋高强钢丝网＋孔口凹坑＋缝合绳	同 JG，能满足更长的防腐寿命要求，但加固能力较 JG 低，不适合于体积大于 $1m^3$ 大块落石的防护

被 动 防 护 系 统　　　表 6.2.10-2

型　号	基 本 构 成	防护能量(KJ)
PD-025	钢柱，带减压环的 ϕ12 双支撑绳和 ϕ16“1”字形上拉锚绳(每跨 3 个减压环)，ϕ12 侧拉锚绳(单绳)，DO/08/250 型钢丝绳网，ϕ8 缝合绳	250
PD-050	钢柱，带减压环的 ϕ16 双支撑绳和 ϕ14“人”字形上拉锚绳(每跨 6 个减压环)，ϕ16 侧拉锚绳(单绳)，DO/08/200 型钢丝绳网，ϕ8 缝合绳	500
PD-075	钢柱，带减压环的 ϕ18 双支撑绳和 ϕ16“人”字形上拉锚绳(每跨 10 个减压环)，ϕ18 侧拉锚绳(单绳)，DO/08/150 型钢丝绳网，ϕ8 缝合绳	750

6.2.11 落石槽

落石槽的位置,应在对危岩体崩塌块石的块度、地形坡度、崩塌可能运行轨迹及距离的具体分析的基础上进行布置。落石槽的宽度和深度,应根据可能崩塌的最大岩块冲击力及弹跳力予以确定。

6.3 滑坡与坍塌的防治设计要点

6.3.1 滑坡治理的原则

(1)预防为主,治理为辅,防治结合,防患于未然是防治滑坡的基本原则。预防成败的关键是在选线时对滑坡地段的地质条件、作用因素有较深入的了解、分析和正确的评价,特别是对人类工程活动这一因素作用后可能引起的变化有正确的预测和判断,从而采取符合实际的预防措施。

(2)在易滑地层分布区、地质构造复杂地区和自然滑坡分布密集区选线时,应特别加强工程地质工作,尽量避开大型滑坡和多个滑坡连续分布的地段,以及开挖后可能发生滑坡的地段。

(3)在必须对滑坡进行处理时,原则上应一次根治,不留后患。

(4)对滑坡的性质、类型、范围、规模、机理、动态、稳定性的正确认识和发展趋势的科学预测,是防治滑坡的基础。

(5)应采用多种手段综合勘察,互相验证,尽可能多地提供定性和定量资料。从而准确地判定滑坡的性质、类型、范围、规模、机理、动态、稳定性,以达到有效的预防和治理滑坡的目的。

(6)对性质复杂,规模巨大,短期内不易搞清或工程建设的速度不允许完全搞清其性质后再处理的滑坡,应在保证线路安全的前提下,作出全面的整治规划,采用分期整治的方针,使后期工程得到必索的资料和争取到一定的时间,保证全部工程的效果。

(7)对线路随时可能产生危害的滑坡,应先采用立即生效的工程措施,然后再做其他工程。

(8)滑坡的治理应针对其主要因素采取主要工程措施,消除或控制其影响,同时辅以其他措施进行综合治理,以限制其他因素的作用。

(9)滑坡的发生和发展是一个由小到大逐渐变化的过程,治理滑坡最好是把它消灭在初始阶段和萌芽状态。

(10)应根据滑坡的规模和状态采取排水、减重、反压、支挡等综合措施进行治理。并注意和环境保护相结合。

(11)一般来说,在滑坡上部减重、前部反压是较为经济有效的措施,条件允许时应优先采用。当无减重、反压条件时,只能采用支挡工程,但须对提出的多个预防和治理方案进行比选,并遵循技术可行、经济合理的原则。

(12)一般情况下,对滑坡进行整治的时间宜放在旱季为好,并应首先做好地表排水工程和夯填地表已有裂缝,防止地表水渗入滑体影响其稳定。施工方法和程序应避免造成滑坡体产生新的滑动。

(13)滑坡是较复杂的地质现象,仅通过勘察还很难掌握滑坡各部位的真实情况,因此利用施工开挖进一步查清滑坡的动态,据此调整设计或调整施工顺序和方法是十分必要的。

(14)防滑工程设施完工后应随时注意维修和保养,使其处于良好的工作状态,发挥应有的作用,防止其失效。

6.3.2 排水工程

(1)滑坡内的水应以“截、排和引导”为原则设计排水工程。地表水采用截水沟、排水沟、急流槽来拦截和排引;浅层地下水采用截水渗沟、盲沟、支撑渗沟等,深层地下水采用汇水隧洞、竖井、渗井、砂井—平孔、平孔排水、垂直钻孔群等疏干和排引。

(2)滑带上的水主要由滑坡以外的相邻地下水补给时,宜设置周边截水沟(盲沟)截引;若以雨水下渗为主,滑体及滑面应有足够排水设施。滑带上的水是由下向上承压补给时,采用可排走补给水源的盲洞或平孔,或将补给水源向下排除的垂直排水孔,降低地下水位至滑面以下。

(3)排水工程应与其他工程措施配套使用。当地质条件和水文条件复杂时,地表排水工程对滑坡稳定系数的提高值可不作为设计依据,但可作为安全储备加以考虑。

(4)排水工程设计应充分考虑滑坡体变形对排水工程的拉裂、剪裂等作用。排水工程一旦被破坏,导致地表水、地下水集中入渗,会带来不利后果,因此工程运行期间,应进行及时维护并预留维护费用。

(5)排地表水。当降雨与滑坡变形有密切关系时,宜采用地表排水工程。地表排水工程设计要点:

①地表排水首先设置外围截水沟拦截滑体以外的地表水,使之不能流入滑体。截水沟应修建在滑体可能发展的边界以外5～10m处,其断面大小,应根据其拦截坡面的汇水面积和洪峰流量进行设计。在覆盖层内的截水沟,其迎水面沟壁应设置泄水孔。

②在滑坡体内修筑各种集水沟、排水沟,使地表水排出滑坡体范围以外,应注意沟渠的防渗,防止沟渠渗漏和溢出流于沟外。设置位置可参考下列原则:

a. 斜坡上陡下缓时,设在由陡变缓处。

b. 上部斜坡入渗系数小,下部斜坡入渗系数大时,设在二者交界处。

c. 泉水等地下水出露点的下方,使出露的地下水迅速排走而不能再次入渗。

d. 排水沟应充分利用天然沟谷加以改造,以利于地表水的尽快排泄。

③对于地表形成的裂缝,均应封闭或回填,不使地表水注入其中形成静水压力。

(6)排地下水。当滑坡变形与降雨和地下水活动密切相关时,一般宜采用地下排水工程。当勘查表明由于给水度很小而地下排水效果不佳时,亦可以不设置地下排水工程。设计要点:

①地下排水工程设计应充分依据勘查资料,分析滑体内含水层的性质、分布、地下水的补、径、排及运移富集情况决定地下排水工程位置以及依据工程服务年限内最大地下水水量进行工程设计。

②地下排水沟应尽可能采用较大纵坡,在出水口宜加大纵坡坡度。其最小纵坡一般不宜小于0.5%。条件困难时,主沟的最小坡度不得小于0.25%,支沟的最小坡度不得小于0.2%。

③地下排水沟的出水口间距不宜大于300m，并应妥善处理出水口的排水通道，防止出现漫流或冲刷山坡坡面。可以将地下水排放到路界地表排水系统中，但出水口处的地下水必须处于无压状态。

④地下排水沟管的上游端头应设置以45°倾角与地面的清扫、疏通井管口相通，在中间段的管道交汇处、转向处、管径或坡度变换处，应设置竖立的检查井，其最大间距不得超过150m。

⑤地下排水设施的设计渗流量，可按不透水层的深度和倾斜情况分别采用相关的方法计算确定。由于地下实际情况存在许多不确定性，计算参数(如渗透系数、水位降落影响距离和平均坡度等)的精确度不高，设计渗流量还需结合经验确定，并采用较大的安全系数。

6.3.3 削方减载工程

1)适用条件

(1)适用于滑坡后壁及两侧地层稳定，不会因削方引起新的塌方滑坡，不会恶化地质环境的推移式滑坡。当滑坡滑面为圆弧形时，或滑体后部厚度大于前缘较多且整体性较好时，削方效果尤为显著。

(2)适用于主滑段、牵引段后部较陡，而前缘较缓具有上陡下缓滑床，前缘采用压脚或支挡阻滑的牵引式滑坡。

(3)对于厚度大的滑体，在锚固、抗滑桩等方案施工技术达不到或效果不佳的情况下，应考虑后方削坡方案或削方、锚固、支挡结合的方案。

(4)对于处于正在移动的滑坡体，开挖大型挖孔桩是十分危险的，应首先采用削坡、压脚等工程使之减缓变形。

(5)对于牵引式滑坡或滑带具有卸载膨胀性质的滑坡，由于减载后滑带土会松弛膨胀，经水浸湿后抗滑力急剧下降，则不宜采用削坡减载方法。

(6)当滑动块体较为破碎或分割成多个块体，或滑面近于平面时，削方效果不大，不宜采用。

2)设计要点

(1)削坡工程应在正确掌握变形破坏规模、破坏面分布及其强度之后，按照稳定性分析所要求的安全系数来进行。

(2)削坡的位置应具体分析。一般以削减顶部、后部岩土体为主。中部及前缘处一般禁止削方。当前缘部分极为松散破碎时，亦可适当清除，但应在顶部后部削方之后进行。

(3)削坡的论证应从下列几方面进行：

①削坡的效果及经济上的合理性，土地复垦等的可行性。

②被削坡岩土体上方斜坡的稳定性及诱发次生滑坡或复活老滑坡的可能性。

③弃土场地及弃土的用途。

④环境保护，地表水入渗及水土流失。

⑤施工安全、施工爆破的可能性。

(4)削坡时宜配合采用填土反压固脚，一方面可以增大抗滑力，同时还可以作为削坡的弃土场地。

(5)严禁在滑坡体的弯曲隆起带及前缘削方，在阻滑段及前缘削方将减少抗滑力。

6.3.4 回填压脚工程

回填压脚是通过工程措施在滑坡体坡脚处提供足够的工程自重，以增加滑坡抗滑能力，提高其稳定性。公路下边坡滑坡治理中，当滑坡前缘空间允许，压脚往往能取得较好的效果。

适用条件及工程设计要点：

(1)前缘滑面较缓的推移式滑坡(如圆弧形滑面、靠椅型滑面等)采用挖除滑体上部岩土，堆放在坡脚加载，形成上部卸载平台、下部压载平台，既有利于挖填平衡，又可与土地开发利用相结合。但应验算削坡减载和压脚加载后，滑面从残存滑体薄弱部位及反压底面剪出的可能性。

(2)牵引式滑坡滑体前缘外有平缓段时，压坡加载效果好。施工时在滑坡前缘坡脚以外堆填土石加重，然后覆盖部分滑体，形成阻滑平台。

(3)当滑坡剪出口位于库(江)水位以下，且地形较为平坦时，适于回填压脚，既保护库岸、江岸，又提高滑坡稳定性。对浸入水中的松散滑坡体，宜先抛砂及石笼形成排水垫层，之后再抛石压脚、护岸。

(4)压坡时，必须做好地下排水工程。填筑体不能堵塞原有地下水出口，必要时应增设排水设施，避免抬高滑体的地下水位。

6.3.5 抗滑桩工程

1)适用条件

(1)主要适用于浅层、中厚层岩质滑坡、中厚层的土质滑坡，以及埋藏有数层软弱夹层的岩质及土质滑坡。

(2)对于巨厚的滑坡体，当施工技术及经济合理性达不到要求时，不宜采用。

(3)对正在移动的滑坡体，不宜开挖大型抗滑桩孔，尤其是不宜连续开挖。

2)工程设计要点

(1)抗滑桩一般布置于滑坡体厚度相对较小、下滑力集中部位，且锚固段地基较好的地段。对滑坡的整体稳定治理，一般宜布置在滑坡体的前缘缓坡阻滑段。当路基位于滑坡后缘时，仅稳定路基下面的滑体，此时可在路基外侧设置抗滑挡土墙或抗滑桩。下侧滑体可能会继续滑动，但并不威胁路基安全。

(2)采用抗滑桩对滑坡进行分段阻滑时，每段宜以单排布置为主。分排设置的抗滑桩应满足变形协调条件。

(3)滑体的阻滑段内宜用悬臂式抗滑桩，主滑段宜用悬臂式抗滑桩或拉锚桩，前缘段采用填土形成平台部位多用带挡土板的锚拉桩。

(4)抗滑桩平面布置、桩间距、桩长和截面尺寸等的确定，应综合考虑技术可行和经济合理。

(5)防止因桩埋深不足，从桩底以下产生滑动，应对滑坡主滑动面进行准确的认定。

6.3.6 重力式抗滑挡土墙

1)适用条件

重力式抗滑挡土墙适用于滑体阻滑段厚度小于 8m、滑床较平缓的中小型滑坡，不宜用于深层滑坡及地下水丰富的滑坡处理。

2)工程设计要点

(1)应根据滑坡范围、推力大小、滑面位置及形状以及地基条件等因素具体确定。

(2)对于中、小型滑坡,一般宜布置在滑坡前缘。当滑体长度大而厚度小时宜沿滑动方向设置多级挡土墙。

(3)挡土墙基础嵌入地层的深度,土质地层不应小于1.5m;风化软质岩层不应小于1.0m;微风化岩层不应小于0.5m。

(4)坡面地质和地形条件有利时,挡土墙宜设置为向坡体上部凸出的弧形或折线形,以提高整体稳定性。

6.3.7 预应力锚索(杆)

预应力锚索(杆)是对滑坡体主动抗滑的一种技术。通过预应力的施加,增强滑带的法向应力和减少滑体下滑力,能有效地增强滑坡体的稳定性。

因为预应力锚索(杆)施工简便快捷,对滑体扰动小,补偿快,而且能主动施加不同方位、不同程度的抗力,在地质灾害防治中具有很大优势。

1)适用条件

(1)适用于岩质滑坡,包括破碎的岩质滑坡,尤宜于滑面倾角较陡的岩质滑坡。

(2)预应力锚索(杆)与钢筋混凝土梁、格构组合,可用于碎块石土滑坡和密实的土质滑坡。

(3)不宜用于松散土及软土滑坡,不宜用于对锚索(杆)具有腐蚀性的工程环境。

(4)主滑段滑面较陡、滑体厚度较大,但仍需要布置抗滑工程时,可采用。

2)设计要点

(1)宜布置在滑体后缘及前缘,不宜布置在库水位及地下水面线变动区及其以下范围。

(2)预应力锚索长度一般不超过50m。单束锚索设计吨位宜为500~2 500kN级,不超过3 000kN级。预应力锚索布置间距宜为3~4m;

(3)水泥应使用强度等级不低于42.5号的硅酸盐水泥,杆体直径一般宜为16~25mm。

(4)砂的粒径不大于2.5mm,使用前应过筛,严防石块和杂物等混入。

(5)采用先注后插法施工时,砂浆的配合比宜为水泥:砂=1:1,水灰比一般为0.42~0.45,杆体头部应做成尖头。

(6)采用先插后注法施工时,砂浆的配合比宜为水泥:砂=1:1,水灰比一般为0.45~0.50。

(7)预应力锚索设计时应进行拉拔试验。锚索试验内容包括内锚固段长度确定、砂浆配合比、拉拔时间、造孔钻机及钻具选定等。应根据公式计算和工程类比,选取合适的内锚固段长度,进行设计锚固力和极限锚固力试验,推荐合适的内锚固段长度和砂浆配合比是试验的主要内容。

(8)预应力锚索(杆)必须锚入滑面以下更坚硬的稳定地层,深度一般不得小于5m。

6.3.8 格构锚固

格构锚固技术是利用浆砌块石、现浇钢筋混凝土或预制预应力混凝土进行坡面防护,并采用锚杆或锚索固定的一种护坡抗滑的综合防护措施。

1)适用条件

(1)适用于坡面坍滑和深部滑动的综合防护,可在框格之间种植花草,达到美化环境的目的。

(2)在地下水有腐蚀性的地段,不应采用格构锚固。

2)工程设计要点

(1)当滑坡整体稳定性较好,但前缘表层开挖可能失稳、滑塌时,可采用浆砌块石格构护坡,并用锚杆固定。

(2)当滑坡稳定性差,且滑坡体厚度不大,宜用现浇钢筋混凝土格构+锚杆(索)进行滑坡防护,须穿过滑动面对滑坡阻滑。

(3)当滑坡稳定性差,且滑坡体较厚,下滑力较大时,应采用现浇钢筋混凝土格构+预应力锚索进行防护,并须穿过滑带对滑坡阻滑。

(4)格构锚固体系的周边,应设置排水沟。

6.3.9 边坡坍塌灾害处置——坡率法

坡率法是通过控制边坡的高度和坡度,使边坡对所有可能的潜在滑动面的下滑力和阻滑力处于安全的平衡状态。而边坡坍塌的主要原因是边坡坡率大于其稳定坡率,所以坡率法是最常用的处置坍塌灾害的方法。

1)适用条件

坡率法适用于岩层、塑性黏土和良好的砂性土,并要求地下水位较低,放坡开挖时有足够场地,在公路路堑边坡、填方路堤边坡中广泛使用,是一种比较经济、施工方便的处理方法。

2)工程设计要点

坡率法主要是在保证边坡稳定的条件下确定边坡的形状和坡度。其设计内容包括确定边坡的形状、确定边坡的坡度、设计坡面防护和边坡稳定性验算。

(1)边坡的形式一般可分为直线形、上陡下缓折线形、上缓下陡折线形和台阶形四种。直线形边坡一般适用于均质或薄互层且高度较小的边坡;如果边坡较高或由多层土组成而上部岩土层的稳定性较下部好时,可采用上陡下缓的折线形边坡;若上部为覆盖层或稳定性较下部岩土层差时,宜采用上缓下陡的折线形边坡;当边坡由多层土组成或边坡高度很大时,可在边坡中部或岩土层界面处设置不小于1.0m宽的平台,形成台阶式边坡。

(2)边坡的防护主要是针对易风化剥落或破碎程度较为严重的坡面,应当考虑坡面的防护措施,以保证边坡的稳定性。设计中应注意边坡的防护与边坡环境美化相结合。

(3)对于岩质边坡坡率的选择,应根据岩性、地质构造、岩石风化破碎程度、边坡高度、地下水及地面水等因素,结合实际经验按照工程类比的原则,并参考该地区已有的稳定边坡的坡率综合分析确定。当无外倾结构面时,可参考表6.3.9-1进行确定。若边坡所在地层具有明显的倾斜结构面(如层面、节理面、断层面和其他软弱面),且倾向边坡外侧,此时应通过稳定性计算来确定边坡的坡率,必要时应采取其他相应的加固措施。

(4)对于土质边坡,在确定坡率时应根据边坡的高度、土的湿度、密实程度、地下水、地面水的情况、土的成因类型及生成时代等因素,并参考同类土的稳定坡率进行确定。

岩质边坡坡率值

表 6.3.9-1

边坡岩石类型	风化破碎程度	坡率值	
		坡高＜20m	坡高 20～30m
岩浆岩厚层灰岩、厚层砂砾岩片麻岩、石英岩、大理岩	轻度	1∶0.10～1∶0.20	1∶0.10～1∶0.20
	中等	1∶0.10～1∶0.30	1∶0.20～1∶0.40
	严重	1∶0.20～1∶0.40	1∶0.30～1∶0.50
	极重	1∶0.30～1∶0.50	1∶0.50～1∶0.75
中薄层灰岩 中薄层砂砾岩 较硬的板岩、千枚岩	轻度	1∶0.10～1∶0.30	1∶0.20～1∶0.40
	中等	1∶0.20～1∶0.40	1∶0.30～1∶0.50
	严重	1∶0.30～1∶0.50	1∶0.50～1∶0.75
	极重	1∶0.50～1∶0.75	1∶0.75～1∶1.00
薄层砂页岩、互层千枚岩、云母、绿泥石片岩	轻度	1∶0.20～1∶0.40	1∶0.30～1∶0.50
	中等	1∶0.30～1∶0.50	1∶0.50～1∶0.75
	严重	1∶0.50～1∶0.75	1∶0.75～1∶1.00
	极重	1∶0.75～1∶1.00	1∶1.00～1∶1.25

表 6.3.9-1 中岩石风化破碎程度按表 6.3.9-2 进行划分。

岩石风化破碎程度表

表 6.3.9-2

程度	颜色	矿物成分	结构构造	破碎程度	强度
微	较新鲜	无变化	无变化	裂缝不多，基本上是整体，裂缝基本上不张开	基本上不降低，用锤击时很易回弹
中	造岩矿物失去光泽	基本不变	无显著变化	开裂成直径为 20～50cm 的大块体，大多数裂缝张开较小	有降低，用锤击时声音清脆
强	显著改变	有次生矿物	不清晰	开裂成直径为 5～20cm 的碎石状，有时裂缝张开较大	有显著降低，用锤击时声音低沉
全风化	变化极重	大部分已改变	只具有外形，矿物失去结晶联系	裂缝极多，爆破以后较多呈碎石土状，有时细粒部分已略具塑性	极低，用锤击时基本上不回弹

①对于一般的均质土边坡可参考表 6.3.9-3 进行设计。但如果边坡高度大于 8m 或土层中地下水发育且不易排除或土层为软质土、或有堆积荷载时，应通过边坡稳定计算来确定土坡率。

土质边坡坡率值

表 6.3.9-3

土质类型	状态	坡高≤5m	5m＜坡高≤8m
黏性土	硬塑	1∶0.75～1∶1.25	1∶1.25～1∶1.50
	可塑	1∶1.25～1∶1.50	1∶1.50～1∶1.75
人工素填土（填土年限＞8年）	密实	1∶0.75～1∶1.00	1∶1.00～1∶1.25
	中密	1∶1.00～1∶1.25	1∶1.25～1∶1.50
	稍密	1∶1.25～1∶1.50	1∶1.50～1∶1.75

②对于土石混合堆积体边坡，一般采用与天然休止角相应的边坡坡率(表 6.3.9-4)。如果边坡中出现松散夹层，应进行适当的防护。边坡高度超过 20m，应分台阶进行放坡。

堆积体边坡坡率参考值 表 6.3.9-4

岩堆情况	条件说明	边坡坡度
不含杂质碎石	山区的堆积层	1∶1～1∶1.25
不含杂质碎石	平坦地区、已密实	1∶0.75～1∶1.1
碎石被小颗粒包围，碎石间互不接触	小颗粒是无黏结力的砂	1∶1.5
碎石被小颗粒包围，碎石间互不接触	小颗粒是黏性土	1∶1.75～1∶2.
碎石相互间尚能接触，中夹黏性土	碎石有棱角	1∶1.25
碎石相互间尚能接触，中夹黏性土	碎石失去棱角，较圆滑	1∶1.5
一般堆积层	—	≥1∶1.5

③膨胀土边坡设计，应在充分的工程地质调查、既有建筑物调查、气象资料收集的基础上，采用工程地质比拟法，以同类膨胀土边坡，在相同或相似工程地质、水文地质及环境地质条件下的稳定性为参照系，参照稳定程度最佳的边坡进行设计。可参考表 6.3.9-5 中实践经验设计值。但应注意，当膨胀土发生滑坡，则应按滑坡治理方法专门设计。

膨胀土边坡设计参考值 表 6.3.9-5

膨胀土类型	边坡高度(m)	边坡坡度	边坡平台高度(m)
弱膨胀土	<6	1∶1.5	1.0
	6～10	1∶1.5～1∶2.0	
	>10	1∶1.75～1∶2.0	
中等膨胀土	<6	1∶1.5～1∶1.75	2.0
	6～10	1∶1.75～1∶2.0	
	>10	1∶1.75～1∶2.5	
强膨胀土	<6	1∶1.75	2.0
	6～10	1∶1.75～1∶2.5	
	>10	1∶2.0～1∶2.5	

④黄土边坡的设计，以工程地质比拟法为主，力学分析验算为辅。参见表 6.3.9-6。

根据黄土边坡稳定性研究成果及工程实践经验，对于新建公路，黄土边坡采用"陡坡宽台"的形式具有较好的稳定性。边坡每级高度一般为 6～10m，其中 6～8m 居多。对于 Q_2 黄土，边坡坡率一般按 1∶0.5 设计；对于 Q_3 黄土，边坡坡率一般按 1∶0.75 设计。平台宽度一般为 4～6m，当地形受到限制时，平台宽度不小于 2.5m。灾害防治工程可根据地形条件，尽量采用"陡坡宽台"的形式。

(5)边坡稳定性验算

①对采用坡率法设计的岩质边坡进行稳定性验算的方法应根据结构面情况确定，如无外倾结构面可直接按平面滑动面进行验算。如有不利结构面，还应对结构面进行验算，但在验算时强度参数指标应取结构面的 c、φ 值。

陕北黄土边坡设计参考值 表 6.3.9-6

地区	工 程 分 类		边坡坡率				
			边坡高度				
			≤6m	6～12m	12～20m	20～30m	30～40m
黄土II区	黄土状土 Q_4	坡积	1∶0.5	1∶0.5～1∶0.75	1∶0.75～1∶1.0		
		洪积冲积		1∶0.3～1∶0.5	1∶0.5～1∶0.75	1∶0.75～1∶1.0	
	马兰黄土 Q_3		1∶0.2～1∶0.3	1∶0.4～1∶0.5	1∶0.5～1∶0.75	1∶0.75～1∶1.0	1∶1.0～1∶1.25
	离石黄土 Q_2		1∶0.3～1∶0.4	1∶0.2～1∶0.4	1∶0.3～1∶0.5	1∶0.5～1∶0.75	1∶0.75～1∶1.0
	午城黄土 Q_1		1∶0.1～1∶0.2	1∶0.2～1∶0.3	1∶0.3～1∶0.4	1∶0.4～1∶0.6	1∶0.6～1∶0.75
黄土IV区	次生黄土 Q_4	坡积	1∶0.5～1∶0.75	1∶0.75～1∶1.0	1∶1.0～1∶1.25		
		洪积冲积	1∶0.2～1∶0.4	1∶0.4～1∶0.6	1∶0.6～1∶0.75	1∶0.75～1∶1.0	
	马兰黄土 Q_3		1∶0.3～1∶0.5	1∶0.5～1∶0.6	1∶0.6～1∶0.75	1∶0.75～1∶1.0	1∶1.0～1∶1.25
	离石黄土 Q_2 上部		1∶0.1～1∶0.3	1∶0.2～1∶0.4	1∶0.3～1∶0.5	1∶0. 5～1∶0.75	1∶0.75～1∶1.0
	离石黄土 Q_2 下部		1∶0.1～1∶0.2	1∶0.2～1∶0.3	1∶0.3～1∶0.4	1∶0.4～1∶0.6	1∶0.6～1∶0.75

注：当边坡高度大于 20m 时，宜进行力学验算；本表提供的参考值，系指一般均质土，无不良水文地质及工程地质现象时的坡度值。

②碎石边坡在有剪切试验结果或有较可靠的经验数据时，可用弧线滑动面法验算边坡的稳定性。

③对于均质土边坡，根据土层的物理力学参数与水环境条件，采用圆弧整体稳定性分析或条分法进行稳定性验算。

6.3.10 滑坡治理实例

(1)G316 线安康段 K1828＋370～640 庙岭滑坡

具体治理技术措施如下：

①完善地表截排水系统，即设计修筑截水沟、急流槽，不同类型的排水沟，边沟等，尽量将雨水快速排出滑体以外，使雨水较少渗入滑体。

②加强对公路通过处滑体内地下水的排疏，即设计支撑渗沟，纵向与横向盲沟，使地下水能较快疏排，增强治理滑体自身的抗滑能力。

③设支挡构造物，即在滑坡下部剪出口设抗滑挡墙，在路基上边坡设抗滑挡墙，在局部路基设路肩墙，提高抗滑力，使滑坡处于稳定状态。

如图 6.3.10-1、图 6.3.10-2 所示，根据设计指导思想，在滑坡中下部开挖一定深度，设置重力式抗滑挡墙，防止路基滑移。在保证路基稳定的前提下，对路面进行重新修筑，对上下边坡的防护、排水做有效加固和处理，最终达到图 6.3.10-3 所示的治理效果，保证道路的通行，满足设计要求。

图 6.3.10-1 滑坡加固处理

图 6.3.10-2 路基路面加固重筑

图 6.3.10-3 治理后效果图

滑坡所处位置土层厚度变化较大，根据钻探资料，厚度一般为 13.7～23.0m，含水率变化较大，为 19.4%～35.3%，液限为 29.7%～42.0%，塑限为 17.9%～24.6%，塑性指数为 11.3%～17.4%，天然重度为 18.0kN/m^3。计算主要采用经验类比法，主要参照公路交通科技 2005 年 9 月谢星等人的论文《316 国道旬阳段滑坡灾害的特征及稳定分析》和白河兰滩滑坡资料，确定北侧滑坡：重度 γ 为 18.9 kN/m^3，黏聚力 c 为 1.94kN，内摩擦角 φ 为 11.26°；南侧滑坡：重度 γ 为 18.9kN/m^3，黏聚力 c 为 13.52kN，内摩擦角 φ 为 11.32°。计算剩余下滑力 E=195.378kN(北侧)，E=190.764kN(南侧)。以此为基础，拟定了抗滑挡墙断面尺寸，进行了抗滑稳定性、抗倾覆稳定性、墙身剪应力、墙基底应力等验算。

(2)G316 线安康段 K1787+900～K1788+120 大红门滑坡

滑坡治理前道路条件极差，由于路肩墙沉陷、错位开裂，路基沉陷较深，路面全部破坏，遇下雨大型车辆较难通行。

该滑坡地质条件简单，规模不大，采取的治理措施为：

①重新修复沉陷破坏的路基和路面，全部路基挖除并重新填筑。

②完善地表截排水系统，设计截水沟、急流槽、排水沟、边沟、涵洞等将地表水快速排离滑体，防止雨水下渗，提高滑体的稳定性。

③设支撑渗沟和纵横向盲沟，排疏地下水，提高土体自身抗剪能力；④在滑坡剪出口设浸水抗滑挡墙，对坡脚进行反压，提高滑体下部土体抗滑力与稳定性，在洪水淹没区设浆砌片石护坡，防止洪水冲刷。

采取治理措施一年后，即2008年10月现场调查时沉陷破坏的路基和路面已经修复，路基、路面整体结构完好。截水沟、急流槽、排水沟、边沟、涵洞等地表排水设施结构完好，坡脚反压土体提高滑坡稳定性，保护抗滑挡土墙，滑坡整体稳定，未见再次滑动迹象，如图6.3.10-4、图6.3.10-5所示。

a)

b)

图6.3.10-4　滑坡治理远景图

图6.3.10-5　滑坡治理一年后效果图

6.3.11　坍塌治理实例

以G316线K1764+700～K1764+830上边坡坡残积层坍塌治理为例。

该路段上边坡土体松散，坡度相对较陡，约60°，坡高约30m。地层岩性主要是坡积碎石土，以风化岩石碎屑为主，黏性土含量较少，结构松散，遇水易产生滑动；坡残低液限含碎石黏土，风化碎石含量较少，有些甚至不含碎石，结构较松散，遇水也较易产生滑动。

坍塌体上部植被良好，无地表截排水设施；有较高较陡的临空面，坡面堆积物松散，而且堆积层厚度较大，雨水下渗，使山体重度增加，土体中含水增加，抗剪强度降低，在暴雨季节易形成坡体局部滑塌，坡脚失稳。

采取治理措施有：①清方；②上边坡修挡墙，见图6.3.11a)；③修涵洞、泄水孔等排水设施，加强排水，见图 6.3.11b)。2008 年 10 月调查发现治理效果较明显，路基稳定。

a)

b)

图 6.3.11　G316 线 K1764＋700～K1764＋830 上边坡坡残积层坍塌治理效果图

6.4　泥石流的防治设计要点

6.4.1　公路泥石流防治原则

(1)重视公路线形与泥石流沟的合理组合，通过调整局部平面线形或增加路基高程，以能避免泥石流的危害为首选方案。

(2)公路泥石流工程防治的关键部位在公路建、构筑物附近的有限范围。一般按照拦粗泄细、以排为主、排导结合原则，条件合适时应兼顾全流域，进行全面综合防治，做到标本兼治。

(3)公路泥石流防治工程有效使用期应与公路等级相适应，原则上不低于 25 年。

(4)防治工程设计是在充分掌握泥石流规模大小、活动频率、流体性质、泥石流沟形态及物源、水文气象、地形等前期技术基础资料的前提下，通过泥石流相关参数计算，根据泥石流的自身特性合理选用结构类型，并有效组合综合防治模式，进行综合规划设计。

(5)公路泥石流防治应采取工程措施与生物措施相结合，以工程措施为主。工程措施主要有：截排水工程、泥石流排导槽、底埋隧道、拦砂坝、护岸结构及导流堤、翼型墩汇流结构、渡槽、糙底群桩、过水路面、水土保持措施等。

6.4.2　排导槽

1)适用条件

(1)泥石流沟属于中型或小型的沟谷型泥石流。

(2)公路从泥石流沉积区横向穿越。

(3)泥石流沟沉积区纵向比降不小于 12%。

(4)泥石流沟前主河谷应具有较强的排泄能力。

2)工程设计要点

(1)排导槽的主体为“V 形槽”，断面底部为 V 形或半圆形，应根据泥石流排导量进行设计。进口设拦截、汇流沟将泥石流汇入排导槽，出口应加固以防止冲刷破坏。

(2)排导槽横断面由上部矩形、中部梯形、底部曲面共三部分组成,其中底部曲面为半圆曲面时的效果最佳。排导槽纵断面呈曲面,可为圆弧线、抛物线、螺旋线、正弦线、余弦线、反正弦线、反余弦线、双曲线和椭圆线,但是确保出口段倾向上游,倾角8°左右。为了增强结构的稳定性,可在排导槽底部设嵌固桩,嵌固桩应满足对排导槽的支承能力。

(3)汇入口侧墙的长度、高度、厚度及与泥石流主体流向的夹角需要根据具体的泥石流沟形态及泥石流冲击路径、冲击力大小综合确定。

(4)排导槽的宽度、侧墙高度与厚度、纵横上凹弧度及侧墙上的锁固桩的长度、埋深及间隔等均需要综合考虑泥石流体的流量、流速、流体性质、泥石流沟比降等因素确定。

(5)每隔3~5m应设置锁固桩,桩与槽体刚性连接,桩嵌入基础底部以下深度不小于1/3倍桩长。

6.4.3 底埋隧道

1)适用条件

(1)底埋隧道适用于防治大型及特大型公路泥石流。

(2)泥石流体淤埋厚度大于20m、流动路径横向摆动范围较大时优先选用底埋隧道。

2)工程设计要点

(1)底埋隧道洞顶应置于25年一遇的泥石流重现期最大下蚀深度以下1~2m,避免泥石流体直接冲击、磨蚀隧道结构。

(2)底埋隧道顶部结构应具有足够的强度和抗御泥石流冲击、磨蚀能力,由钢筋混凝土建造,见图6.4.3。

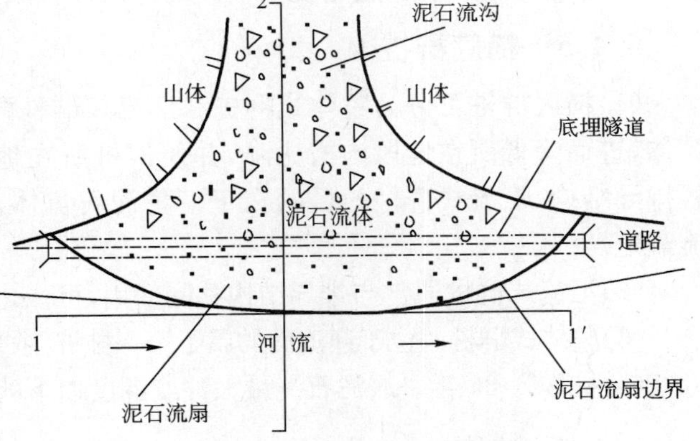

图6.4.3 底埋隧道平面图

(3)底埋隧道洞口位置应避开崩塌、滑坡等不良地质地段,同时应避开泥石流流向分叉及漫流改道影响范围,避免泥石流回灌洞室。

(4)底埋隧道除按隧道规范设置排水措施外,必要时宜设置泄水洞。高寒地区应考虑抗冻要求。

(5)底埋隧道临河方向应设置必要的支撑结构,隧道迎流侧应设置缓倾的导流底板,使泥石流体能够顺利地从洞顶翻越。

(6)底埋隧道临河方向应设置必要的挑流结构措施,避免泥石流体翻越底埋隧道后在隧道外侧冲蚀隧道基础。

(7)底埋隧道的养护除按隧道规范进行常规养护外,当洞顶泥石流体堆积物超过设计预留量后应及时进行清除。

6.4.4 翼型墩汇流结构(图6.4.4)

1)适用条件

(1)翼型墩汇流结构主要适用于稀性泥石流。

(2)置于泥石流流通区出口处、沉积区上游端。

(3)泥石流沉积区纵向比降大于15%。

2)工程设计要点

(1)翼型墩汇流结构宜设置在泥石流沟流通区与沉积区之间的过渡部位。

(2)翼型墩设计的控制荷载是泥石流固相块石的冲击力,在迎水面应考虑防治泥石流冲击性能。

(3)翼型墩汇流结构通常与排导结构共同使用,可强化汇流槽汇集泥石流体的作用。

(4)翼型墩的墩间距离、墩长度、墩头宽度、墩高度等需要根据泥石流流速、流量大小、活动频率、泥石流体性质等综合确定。

(5)翼型墩轴线与泥石流主流线之间的夹角 δ 不宜大于15°,墩轴线间距 B 占墩头处泥石流沟横断面宽度的2/3左右。

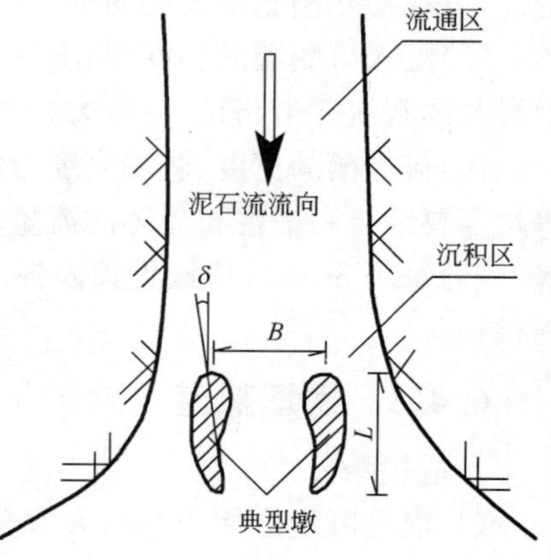

图 6.4.4 翼型墩汇流结构

(6)翼型墩为悬臂式墩体,嵌入25年一遇的泥石流最大下蚀深度以下的墩长度不低于翼型墩总长的1/3倍。

(7)翼型墩迎流面应考虑泥石流体的冲击和磨蚀性能。

6.4.5 糙底群桩

(1)糙底群桩可分为整体式群桩和汇流式群桩两类。整体式群桩的目的在于淤埋泥石流体,进而降低所在地段沟槽比降,并使群桩所在地段前部泥石流沟槽纵比降增大便于设置排导结构;汇流式群桩的目的在于汇集泥石流体,并通过缩小泥石流过流断面增大泥石流流速。

(2)汇流式群桩通常与排导结构共同使用,可强化汇流槽汇集泥石流体的作用。

(3)整体式群桩的位于迎流面的属于第一排桩,承受的泥石流荷载占总荷载的30%～40%。

(4)桩嵌入25年一遇泥石流最大冲刷深度以下的长度不低于1/3倍桩长。

6.4.6 渡槽

1)适用条件

(1)泥石流暴发较频繁,高含沙水流、洪水或常流水交替出现,有冲刷条件的沟道。

(2)泥石流的最大流量不超过200m^3/s,其中固体物料径最大不超过1.5m的中小型泥石流。

(3)上有足够的地形高差,满足线路设施立体交叉净空的要求。

(4)进、出口顺畅,基础有足够的承载力并具有较高的抗冲刷能力。

(5)沟道迁徙无常,冲淤变化急剧,流量、容量和含固体物粒径变幅很大的高黏性泥石流和含巨大漂砾的水石流,则不宜采用或慎用。

2)工程设计要点

(1)在平面形态上，渡槽和泥石流沟顺应、平滑地连接，渡槽进口不得布置在急弯上，渡槽进口以上需有15～20倍槽宽的直线引流段，形成自然、渐变的衔接，保证入流流态稳定，流速分布均匀。

(2)渡槽进口段不得强行压缩底宽，避免突然收缩和突然扩宽，以采用上宽下窄的梯形和圆弧形状的喇叭口线形，连续、渐变为好，渐变段长 $l \geqslant (5 \sim 10) B_f$（$B_f$ 为槽宽），且一般不得小于20m，渐变段扩散角 $\alpha \leqslant 8° \sim 15°$。

(3)槽身部分应为均匀的直线段，为确保下方行人建筑物的安全，排除使用期的干扰，渡槽长度应"宁长勿短，留有余地"，通常，除被跨越物横向净宽之外，其延伸长度 $l' = (1 \sim 1.5) B_f$。

(4)槽底设计纵坡，应等于或接近天然沟道的流通段平均纵坡，防止泥石流通过时产生淤积，甚至漫溢失事。

(5)计算槽深值，应当用阵性泥石流的波高(龙头高)计算值或调查值予以验算。

(6)渡槽口和出流段应与沟道衔接顺直，避开沟道弯曲、收缩或纵向平缓，甚至凸出部位，保证泥石流能以自由方式出流，避免在槽尾附近就地散流停淤。

(7)按设计最大流量计算的横断面面积是渡槽的有效过流横断面面积，加上计算裕度和安全超高得到渡槽的设计横断面尺寸。

6.4.7　拦沙坝

拦沙坝多建在主沟或较大的支沟内，是防治体系中的骨干工程，对地形、地质条件要求较高，选址较为慎重。通常，坝高大于5m，其拦沙量多为 $10^3 \sim 10^6 m^3$ 甚至更大，具有拦沙节流、固床护坡、控制泥石流危害的综合效益。

拦沙坝设计要点：

(1)首先应当根据防治目的和要求选择坝址，以利于防治总目标的实现。以保护公路交通安全为前提，宜选在口狭肚阔、坝肩高度足够、上游沟段平缓、地基坚固的部位，使工程量节省，单位造价低，效益高。

(2)拦沙坝的类型很多，按受力状况可分为刚性坝和柔性坝；按结构形式可分为实体坝、轻型坝、格栅坝和组合坝；按使用材料可分为土质坝、圬工坝、混凝土坝和钢筋混凝土坝，以及金属材料坝；按施工方法可分为现场制作和预制构件装配式等。在选择坝型时，应注意就地取材，因地制宜，建造便于当地工程技术人员施工的坝型为好。

(3)拦沙坝设计中要计算坝高(容量)、稳定性、结构强度，泄水口布置，下游消能防冲设计等。

6.4.8　过水路面

过水路面适用于低等级公路，路基高程受限无法抬高，泥石流规模不大等情况。

过水路面为水泥混凝土双层结构，下层为20cm混凝土，上层20cm钢筋混凝土，能防冲防磨蚀。

设计过水路面的路段，路基尽量设计为透水路基。当水量小无泥石流时，清水可透过路基，减少对行车的影响。

6.5 路基沉陷防治设计要点

6.5.1 软土或新填土沉陷防治措施

1)综合防排水措施

(1)路基路面整体铺设隔水材料以封闭地表水,保持软土干燥,提高软土强度。

(2)在路堑边坡坡顶设置截水沟,在护坡坡顶采用封闭处理并加设排水沟,防止雨水渗入。

(3)当路堤边坡坡面径流量大、流速较快时,可采用拦水带与急流槽相结合,集中将路面径流排除到路基范围以外。

(4)在路基两侧设隔水墙,防止路基两侧的水向路基渗透。

(5)对挡土墙增设泄水孔或墙后盲沟将水引出路基,以防止墙后积水。

(6)设支撑盲沟,以排除路基内地下水,降低地下水位,提高软土强度。

2)换土复填法

(1)适用于因填筑土质不符合要求,路基出现下沉但面积不大且深度不深的地基处理。即将原路基出现沉陷部分的填土或基底挖除,更换新的、符合要求的土质。

(2)一般采用级配较好的砂砾土、塑性指数满足规范要求的亚黏土为宜。

(3)采用此法施工时,回填土的挖补面积要扩大,且逐层挖成台阶状,由下往上,逐层填筑,碾压密实,压实度要求高出原路基压实度为1%～2%为宜。

(4)此法施工简单,处理范围小且浅,费用较高。

3)复合地基加固法

(1)加固土桩法

①适用于强度低、压缩性强的软土,尤其是20m深度范围内无较好持力层的软土路基,宜适用于局部范围内软土地基沉陷的治理。此法施工前须挖除原路面结构层。

②桩体用生石灰、水泥、粉煤灰等加固材料改良、加固而成,与桩间软土形成复合地基。其施工有搅拌桩法、粉喷桩法等。

③加固剂可采用水泥等固化剂,也可采用多种固化材料的混合物。

④加固材料的剂量应通过室内试验按技术、经济性优化选用。

⑤加固土桩的直径、设置深度及间距均应经稳定沉降验算确定。一般情况桩径采用0.5m,桩长最大为12m,一般为9m,桩距为0.75～1.5m。

(2)CFG桩法

①CFG是cement flyash gravel pile(水泥粉煤灰、碎石桩)的英文字母缩写,用长螺旋钻机钻孔或沉管桩机成孔后,将水泥、粉煤灰及碎石混合搅拌后,泵压或经下料斗投入孔内,构成密实的桩体。CFG桩法适用范围广,可用于杂填土、饱和及非饱和黏性土、粉土、砂性土及湿陷性黄土地基中。

②该桩是在碎石桩基础上加进一些石屑、粉煤灰和少量水泥,加水拌和而成,具有良好的和易性,弥补了碎石桩的缺点。

③CFG桩长从几米到20多米,并且可全桩长发挥桩的侧阻力,桩承担的荷载占总荷载的

40%～75%。

④CFG桩与上部结构间设置柔性垫层，垫层由级配砂石、粗沙、碎石等散体材料组成。

(3)高压喷射注浆

①主要适用于处理淤泥、淤泥质土、黏性土、粉土、黄土等地基。

②可利用高压旋喷的返浆作为路床的顶部，以增加路基的整体强度。

③对土中含较多大粒径块石，植物根茎或过多的有机质时，应根据现场试验确定其适用范围。

④浆液应具有良好的可喷性、稳定性和力学性质，无毒无臭、结石率高。可采用以水泥浆为主剂，掺入少量外加剂，水灰比一般采用1∶1～1∶1.5。

4)挤密桩法

(1)砂桩挤密法

①用于处理松砂、杂填土和黏粒含量不多的黏性土地基，但对饱和软黏土，挤密效果差，应慎用。

②砂桩直径一般为70～200cm，间距为1.0～2.5m，压入砂量为0.4～4m^3/m，置换率为10%～80%，用砂量大。

③砂桩和土构成复合地基，砂桩的应力分担比为3～5，可大大提高地基承载力，减少沉降约1/3～2/3。

④当处理深度较深时，置换率较高，地基表面将产生较大的隆起。

(2)碎石挤密桩法

①适用于松散砂土、素填土和杂填土等地基，但对粉土或粉粒含量较多的粉质砂地基，一般不宜采用。

②碎石挤密桩与桩间黏性土形成复合地基，其应力集中比一般为3～5。

③碎石挤密桩形成一个良好的排水通道，具有排水降压作用。

④碎石挤密桩的布桩形式应根据基础形式确定。

⑤要求有运距不大的碎石源，否则其经济性受影响。

(3)灰土挤密桩法

①适用于处理加固地下水位以上的素填土、杂填土以及含水率较大的软弱地基。

②当土的含水率接近最佳含水率时，土成塑性状态，此时的挤密效果最佳。

③土桩挤密地基由桩间挤密土和分层填夯的素土桩组成，土桩面积约占地基的10%～20%。

(4)处理深度可达15m。

5)其他方法

(1)土工聚合物加筋法

①适用于处理软土、沼泽地区、地基湿软、地下水位较高的路基沉陷情况。此法施工前须挖除原路面结构层。

②采用垫隔、覆盖土工布法加固地基，可使荷载均匀分布、提高路基刚度、有利于排水，高填方路堤适当分层垫隔，效果更好。

③在铺设土工聚合物时，应在路堤两侧预留足够的锚固长度，并回折覆盖在压实的填料

上面。

④土工布连接采用搭接法时，搭接长度大于30cm；采用缝接法时，缝接宽度不小于5cm；采用黏接法时，黏接宽度不小于5cm，黏接强度不低于土工合成材料的抗拉强度。

⑤在超软土地基上，用钢筋将地基中的土桩顶部连成网格状，在其上覆上土工织物并进行填方。

(2)反压护道法

①适用于路基高度不大于极限高度的地基，非耕作区和取土不困难的地区。在路堤两侧填筑一定宽度和高度的护道，以平衡路堤沉陷导致的淤泥或泥炭向路堤两侧的膨胀力。

②反压护道的高度宜为路堤的1/2，宽度应通过稳定计算确定，且应满足路堤工后沉降的要求。

③反压护道修建后，可在其顶面耕种作物，也可利用反压护道作道路辅助设施。

④由于反压护道占地较大，因此一般不宜大面积使用。

(3)竖向排水体预压

①适用于软土厚度大，又无排水砂层的情况，垂直设置袋装砂井、塑料排水板以及其他土工合成材料。

②对于袋装砂井直径宜为7～12cm；塑料排水板以及其他土工合成材料，断面尺寸宜为10cm×(0.4～0.5)cm，间距一般为1～2m为宜。

③排水体可用正方形和等边三角形两种形式布置。

④对于较薄的软土层，排水体以贯穿软土体为宜；对于较厚的软土层，应通过计算确定其长度。

(4)挡土墙加固方法

①出现沉陷的半填半挖路基，在填方坡脚处可设挡土墙，同时配合地下排水系统，控制横向变形以减少路基沉陷。

②挡土墙基础应埋置在风化层以下，一般距地面不小于1.5～2.0m。

③墙背应回填砂和碎石，以调整变形。

④墙顶应设一定宽度的平台。

⑤挡土墙必须设泄水孔。

(5)软基桥法

①适用于软土埋藏层位不一，有的在地表，有的在深层，且原设计对软土地基路段未作深层处治设计，导致软土地段产生较大的沉降量。

②采用此法在桥底开挖后必须按设计要求设置外倾4%的横坡。

③对开挖搅动土进行整平、夯实，再填筑30cm黏土层，严格夯实，压实度均要求不小于90%。

④外侧纵向每隔5m在黏土层顶设置一道排水管，以排泄桥底水。

(6)组合处治法

在处理路基沉陷问题中，要同时解决路基沉陷及稳定问题，可采用两种及两种以上的措施加以综合整治。在进行方案选择时，应根据当地的地质、水文、材料、施工、环境条件等，用两个或两个以上可行方案进行经济、技术比较，选择最优方案。

6.5.2 湿陷性黄土路基沉陷防治措施

1)综合防排水措施

(1)当路堤低于2.5m时,可采用散排方式将路面水排到路堤坡脚的排水沟中,沿纵向排走,路肩须经硬化处理;路堑处路面水以散排方式进入边沟,边沟内侧壁同路肩合二为一,形成完整的防护面,避免雨水渗入路面基层。

(2)当路基较高时,路面可设拦水带,通过急流槽将路面汇水引至坡脚,消能后通过排水沟排至自然沟渠。

(3)边坡设置截水沟,截水沟中的水进入坡面急流槽中后,再流入边沟、小涵洞或天然河沟中,做到"远接远送"。

(4)坡体的地下水通过坡面防护或挡墙中的泄水孔流入边沟中,或在地下水位较高处,在边沟下设置纵向盲沟拦截向路基中渗入的地下水。

(5)地形平坦易积水路段,在路基两侧设隔水墙,减少路基两侧的水源向路基渗透。

(6)在经过农田的路段,采用排水垫层拦截地下水或采用横向盲沟降低地下水位,然后将地下水汇集排到排水沟或天然河流中,也可在路基两侧护坡道竖向埋设防水土工布。

(7)排水沟渠均应铺砌防漏,并且细致处理接缝,必要时基底夯实,采取有效的防渗防漏措施,避免水分渗入黄土土体。

(8)因黄土的湿陷性,排水沟槽进出口应避免积水,出口水流顺畅,出口防止冲刷破坏。

2)黄土路基沉陷的处理方法

(1)土垫层

①土垫层的厚度越大,其下部湿陷性土层厚度越薄,地基的湿陷变形也越小。

②灰土垫层较素土垫层效果要好,当灰土垫层厚度为70cm时,地基的湿陷变形基本消除。

③必须采用优质石灰,并与土料按设计比例拌和均匀,加水至最佳含水率后充分闷料。

④对于非自重湿陷性黄土,灰土垫层的厚度一般不宜小于1.0m;对于自重湿陷性黄土,灰土垫层的厚度一般不宜小于2.0m。

⑤灰土垫层下最好再设置一层厚为1.0~1.5m的素土垫层或采用重锤将其基底夯实。

⑥为有效防止地表水下渗和地基湿陷后土体的侧向挤出,灰土垫层每边超出基础边缘外的宽度不小于其厚度,并不小于150cm。

(2)重夯法

①当要求消除1~3m厚度的湿陷性黄土时宜采用。

②一般采用200~300kN重锤、4~6m落距夯击湿陷性黄土。

③对于黄土地基湿陷性灾害整治,可采用跳夯法夯击,在同一夯位可连续夯击2~3次。

④地基进行重夯施工,在同一夯位,最后两击的平均夯沉量控制为1~2cm。

(3)强夯法

①当要求消除3~6m厚度的湿陷性黄土时可采用。

②一般采用100~200kN重锤、10~20m落距夯击湿陷性黄土,可消除4~6m深度内黄土的湿陷性。

③强夯的设计深度，应根据路段的重要性确定。强夯的有效深度可用梅纳公式估计(参见《路基设计手册》)。

(4)灰土椿挤密法

①通常采用直径 D=30cm、间距为 $3D$ 的灰土椿挤密黄土。

②椿长视加固路段和构造物的重要性以及所需提高的承载力而定。

(5)灰土基础加深

采用 2m 厚灰土(3∶7)加固湿陷性地基，主要用于水毁涵洞修复、挡土墙基础等。

(6)注浆充填法

①用于解决黄土路基陷穴，阻止上覆岩土层进一步塌陷，稳定公路路基。

②注浆充填较常使用纯水泥浆和水泥砂浆，也可掺入粉煤灰作充填料，可大大节省水泥用量。

③纯黄土浆固结缓慢，强度较低，后期沉降较大，故只能用于上覆土层坚硬的小型陷穴的灌注充填。

④注浆时，处理范围最外侧一排的注浆孔，应在浆液中掺入一定剂量的速凝剂。

3)处理方法选择原则

(1)当湿软黄土地层较浅，一般深度在 1.0m 左右时，可考虑采用开挖换填素土、灰土或砂砾材料压实处理。

(2)当湿软性黄土地层厚度小于 2.0m 时，可在比较经济的前提下选用砂砾垫层或灰土垫层处理，垫层厚度以 30～40cm 为宜。

(3)当湿软性黄土地层较厚，分布面积较大，且土体含水率小于 22%时，宜优先考虑采用强夯法处理。

(4)当湿软性黄土地层较厚，且土体含水率大于 22%时，可考虑采用灰土挤密桩、碎石桩等复合地基处理方法。

(5)对于高挡墙、高路堤下的湿软性黄土地基，应充分分析，选定合理的处理措施，可以是一种措施，也可以采用多种综合处理措施。

6.6 暴雨洪水灾害防治设计要点

6.6.1 沿河公路路基水毁防治

1)一般要求

(1)对于沿河路段，当路基受水流冲刷时，应根据河流特点、洪水特征、河床形态、河床质等自然条件，以及通航要求、水利设施等情况，结合路基位置，就地取材，按照“顺其势、挫其锋、调其向、稳其流”的原则设计防护工程、调治工程。应考虑设计洪水位对两岸及上下游河床变形的影响，防治工程与河流等环境相协调，提高公路抗灾能力。

(2)防治公路水毁，应以预防为主。对新建公路，测设部门的设计应满足预防水毁的要求，防患于未然；对已建成的公路，养护管理部门应加强日常养护管理，经常检查公路建筑物使用状况，减少由于公路沿线滑坡、崩塌、泥石流等灾害而引起的路基水毁；清疏各类排水系统、修复加固各类构造物、及时检修沿河防护设施，有效预防水毁。

(3)公路水毁防治,应综合治理,力求根治,使各级公路不仅在设计洪水时安全可靠,在更大的洪水条件下,也不出现大的水毁问题,达到防灾减灾目的。

(4)由于山区地形地质条件复杂,气候水文情况各异,对山区河流应区别具体河段的河势变化特征和水流特点,经过调查、计算分析后制订相应的防治对策和工程设计,切忌生搬硬套、盲目加大工程尺寸或单凭经验办事。

(5)为提高抵抗洪水冲刷的能力,洪水位以下的路基边坡应设置防护工程;位于河湾凹岸的沿河路基、桥台以及宽阔游荡河段河槽附近的桥台和引道路基,应设置调治导流设施;沿河路堤、河滩路和桥头引道等长期浸水路基要设置适宜的防护措施;桥梁和沿河路基所处河段的河床严重淤塞时,应及时清淤除障。

(6)冲刷防护工程顶面高程,应为设计水位加上波浪侵袭、壅水高度及安全高度。基础埋设在冲刷深度以下不小于0.5～1m或嵌入基岩内。当冲刷深度较深、水下施工困难时,可采用小型桩基础或适宜的平面防护。

(7)设置导流建筑物时,应根据河道地貌、地质、水流特性、河道演变规律和防护要求等设计导治线,并应避免加剧农田、村庄、下游公路的冲刷。在山区峡谷地段,不宜设置挑水导流建筑物。

(8)通过施工手段来逐步充实和完善设计,弥补设计中基础无钻探资料、只凭经验的不足,以确保水毁防治及修复工程的质量。

2)水毁防治措施类型及适用条件

为了避免沿河公路设施在汛期遭受水毁损失,可以针对不同的地形、地质条件,修建各种适宜的防护设施,对水毁易发路段辅以不同的工程措施,或对已有的防护设施进行加固完善,排除水毁隐患,使得沿河公路免遭水毁灾害的侵扰,保证公路及其沿线设施达到稳定性和强度等要求,确保公路的正常使用。

路基冲刷防护的结构形式很多,根据防护形式的水流结构和机理分为直接防护和间接防护两类。直接防护是直接加固坡面、坡脚或基础,提高其抗冲刷的能力,而顺水流修建的附着在边坡坡面、坡脚及基础上的工程设施,有石砌(干砌或浆砌)护坡(护面墙)、挡土墙、护坦式基础、石笼、抛石、混凝土预制板、土工织物(土工布)等。这种工程设施对水流干扰小,对工程上、下游和对岸几乎无影响,对山区峡谷、弯道水流较为适宜。但是,这类防护工程一旦被水冲毁,将直接危及路基安全。间接防护是指以修筑丁坝(群)、顺坝等挑流导流工程或河道整治(疏浚、理顺、改道),改变河道水流结构,使水流偏离被防护的河岸,墩台或将冲刷段变成淤积段,达到防护目的。这类建筑物伸入河道,侵占一部分河流断面,改变了水流结构,而自身又受到水流的强烈冲刷(如丁坝坝头等部位)。但是,即使丁坝坝头等部位被冲毁,也不至于立即危及路基安全,可认为达到了路基防护的目的,只要汛后及时修复即可。

沿河路基防护工程的主要类型,见表6.6.1-1。

不同防护措施的防护机理不同,防护对象也不同。只有明确防护措施的防护机理,才能正确选择防护措施类型。水毁防治措施都有一定的适用条件,如果设置得当,就能够有效地发挥其防护作用;否则,不仅其自身易于发生水毁,而且会扰乱水流结构,造成严重的水毁灾害。

沿河公路防护工程的布设合理性、完善程度和自身的稳定性影响着防护工程乃至路基的抗水毁能力。路基防护形式必须根据当地经济、技术、材料等条件,因势利导、因地制宜、就地取材来选定。主要防护类型的适用条件见表6.6.1-2。

公路水毁主要防护类型 表 6.6.1-1

序号	防护类型	功　能	代表性结构	备　注
1	导流防护	平顺地改变水流方向，将水流按保护路基的要求导入合理的流路，防止直接冲刷路基	导流堤、挡土墙	导流堤设计洪水频率应与桥梁设计洪水频率相同，其他类型的调治构造物的设计洪水频率视工程重要性而定；基础埋深要不小于堤（墙）前水流的冲刷深度
2	挑流防护	改变水流方向，将水流部分或完全挑离被冲刷的路基，对水流的结构影响很大，将水流对路基的冲刷部分转移到丁坝体上	丁坝、顺坝	以防护为主，改变局部水流方向，不改变主流方向时，多采用较短的丁坝； 以挑流为主，改变主流方向，使水流远离被保护的路基时，多采用较长的丁坝； 丁坝一般宜成群布置，由丁坝群坝头形成一个圆顺的导治线； 长大丁坝易水毁，应慎用； 丁坝出现水毁时，及时抢修就不会影响到路基的安全
3	固底防护	使河床保持在一定的高程上，不使淘刷角向后发展，以保护基础稳定	挑坎、潜坝、护坦	
4	边坡防护	保护路基边坡坡面或防护构筑物自身及基础不受水流冲刷或流冰、漂木等的撞击和风浪的侵袭等	抛石、铁丝石笼、干砌片石、浆砌片石、混凝土板	
5	综合防护			几种防护形式配合使用

主要防护类型适用条件 表 6.6.1-2

序号	防护措施类型	适 用 条 件
1	干砌片石	(1)较缓的(不陡于 1∶1.25)土质路基边坡，因雨、雪水而发生破坏。洪水水流平顺，不受冲刷，均可采用干砌片石防护； (2)用于防护沿河路基受到水流冲刷的部位，被防护的边坡坡度，应符合路基边坡的稳定要求，一般为 1∶1.5～1∶2.0； (3)干砌片石防护工程不宜用于水流流速较大(容许速度为 2～4m/s)、波浪作用较强、有漂浮物冲击的边坡
2	浆砌片石	常用于坡度较坦(坦于 1∶1)，水流流速较大(4～6m/s)或波浪较大及可能有流冰、漂浮物冲击时的坡面冲刷防护。护坡铺砌厚度较小，不能承受土压力。厚度一般为 0.2～0.5m，用于冲刷防护时，最小厚度为 0.35m。在砌石和土之间设置 0.10～0.15m 厚的碎石或砂砾垫层
3	石笼	(1)在缺乏大石块作冲刷防护的地区，用填充较小石块的石笼，亦可抵抗较大的流速。在流速大有卵石的冲击河流中，铁丝笼易被磨损而导致早期破坏，一般不宜采用，这时可在石笼内浇灌小石子混凝土，或采用钢筋混凝土框架石笼； (2)在含有大量泥沙及基底地质良好的条件下，宜于采用石笼防护，这样，石笼中石块间的空隙很快被泥沙淤满而形成整体层； (3)石笼一般用于容许流速为 5～6m/s，容许波浪高约 1.5～1.8m 的水流

续上表

序号	防护措施类型	适用条件
4	抛石	(1)适宜在盛产石料(大砾石、卵石)和沿河线开山废石方较多的地区使用； (2)经常浸水且水流方向较平顺,河床地层承载力较强无严重局部构造物； (3)在流速大、波浪高及水很深三种情况兼有时,应采用较大粒径的石块
5	浸水挡土墙	(1)沿溪线通过悬崖峭壁,如用全挖路基,其工程数量很大,或废方很多,挤压河床,致使水流情况改变,有害于上下游农田和建筑物,做挑流建筑物对岸又不允许,在此情况下,若受冲路段并不很长时,可以采用浸水挡土墙； (2)路线通过受水流冲刷的河湾,采用浸水挡土墙,可以稳定河湾,使之不再发展； (3)导治线与河岸相距很近时,可考虑采用浸水挡土墙； (4)在水深流急、冲刷大、洪水持续时间长、流向不定、险岸位置经常发生变化、水流中的漂浮物多而且大或有强烈流冰等时,在沿河路基受冲击处,可采用浸水挡土墙； (5)容许流速为5～8m/s。当然,在下列情况下也可以采用挡土墙:①支承路基填土或山坡土体;②防止沿河路基受水流冲刷和淘刷;③受地形限制或其他建筑物干扰,必须约束坡脚时;④防止多占农田;⑤路线通过悬崖峭壁,占河砌墙加宽路基等
6	护坦	由于护坦对天然水流的干扰较小,适用于对山区峡谷河段的沿河公路路基防护。河流容许流速为4～8m/s,而且还常与砌石护坡、浸水挡土墙、丁坝等配合使用,并用于桥台和桥墩基础冲刷防护
7	丁坝和丁坝群	(1)河流容许流速为6～10m/s； (2)河床比较宽,水流比较急,凹岸冲刷严重或河流属于宽浅变迁河段需限制水流方向稳定河床； (3)适用于路基受水流冲刷严重,需要改变水流流向,使路基坡脚淤积变坦的地段局部冲刷严重,采用其他防护措施无法满足时
8	桩排	(1)河流容许流速为6～12m/s； (2)河床比较宽,水流比较急,凹岸冲刷严重； (3)局部冲刷严重,采用其他防护措施无法满足时； (4)在含有大量泥沙及基底地质良好的条件下,宜于采用钻孔灌注桩透水丁坝,这样,丁坝后的空间很快被泥沙淤积,而形成淤积区
9	水泥混凝土预制板	水泥混凝土预制板(块)护坡可抵抗水流速度3～8m/s以上、波浪高度2m以上和较大的冰压力。对于石料缺乏、人工昂贵的地区,或城市环境美化要求较高、机械化施工条件较好的地区,有一定的优越性。由于造价较高,应用不广
10	水泥沙袋	对于缺少石料的地区或作为洪水来临前的应急、或洪水抢险措施,使用水泥和砂、水泥和土混合均匀后,装入编织袋,码砌护坡是可行的;对于永久性护坡,采用15%的水泥和85%的砂混合为宜。采用价格低廉的农用编织袋亦可,一年后虽然编织袋在日光作用下破坏,但是装填的水泥沙在河水浸泡后已凝固成块体
11	生物防护	包括:种草、平铺草皮、平铺叠置草皮、植树。水流容许速度为0.4～3m/s;边坡不陡于1∶1.5。适用于任何适于生长植物的路堤、路堑边坡和河滩、河岸。种草、平铺草皮、平铺叠置草皮不适于经常浸水或长期浸水的边坡
12	顺坝	适用于顺直但仍受水流冲刷的地段,或狭窄不宜使用丁坝的河段。基本不改变水流原有的特性,一般适用于导治线与河岸距离较近及通航河段,并可用于河岸河床地质较差的地段
13	梢料防护	水流容许速度为2.0～3.5m/s;边坡不陡于1∶1.5。其适合于暂时浸水的边坡、河岸,或盛产树枝的地区
14	改移河道	沿河路基受水流冲刷严重,难以进行其他水毁防护,或防护工程艰巨,路线在短距离内多次跨越弯曲河道时可改移河道;对主河槽改动频繁的变迁性河流或支流较多的河段不宜采用

对于防护工程结构物,还应注意如下事项:

(1)防护工程所在地段为软弱的地基时,要采用换土或砂砾、碎石、灰土等进行填筑。

(2)防护工程基础埋深,对于无冲刷地基,应在天然地基以下至少1m,对于有冲刷地基,应在冲刷线下至少1m。

(3)挡土墙应设置排水设施,以疏干墙后填料中的水分,防止墙后积水致使墙身受到额外的静水压力,必要时夯实地表土以减少雨水和地面水下渗,减少季节性冰冻地区填料的冻胀压力,清除黏土填料浸水的膨胀压力。

(4)浆砌块(片)石墙身,泄水孔尺寸可为5cm×10cm、10cm×10cm、15cm×20cm或直径为5～10cm圆孔,视泄水量大小而定。泄水孔的间距一般为2～3m,上下泄水孔宜错开布置,浸水挡土墙下排泄水孔的出口应高于地面,设在常水位以上0.3m。

(5)沿河路堤设置挡墙时,应结合河流情况布置,注意设墙后仍要保持水流顺畅,不要挤压河道,引起局部冲刷。

(6)浸水挡土墙注意事项如下:

①应注意浸水挡土墙和岸坡的衔接。挡土墙可采用锥坡与路堤连接,墙端应伸入路堤内不小于0.75m,锥坡坡率宜与路堤边坡一致,并宜采用植草防护措施。挡土墙端部嵌入路堑原地层的深度,土质地层不应小于1.5m;风化软质岩层不应小于1.0m;微风化软质岩层不应小于0.5m。

②应根据挡土墙墙背渗水量合理布置排水构造物。具有整体式墙面的挡土墙应设置伸缩缝和沉降缝。

③挡土墙墙背填料宜采用渗水性强的砂性土、砂砾、砂(砾)石、粉煤灰等材料,严禁采用淤泥、腐殖土、膨胀土,不宜采用黏土作为填料。在季节性冻土地区,不应采用冻胀性材料作为填料。

3)路基直接防护

(1)浆砌片石护坡和挡土墙

沿河石砌护坡和挡土墙的表面抗冲能力、基础埋深应达到一定要求,通常可以采用大块石料或浆砌片石(块石)等方式来提高其表面抗冲能力,其基础应埋置在凹岸最大冲刷深度之下,见图6.6.1-1。

浸水挡土墙常用于坡度较陡的边坡(陡于1∶1),砌筑厚度较大,属于重力式挡土墙。它能抵御坡面洪水冲刷,又能承受墙后土压力,挖方边坡和填方边坡都可使用。挡土墙可承受5～8m/s的流速,较浆砌片石护坡能承受更大的水流、流冰和漂浮物的冲击。

对于严重潮湿和冻害的土质边坡,在未进行排水措施之前,则不宜采取浆砌护坡和挡土墙。

不设护坦时护坡和挡土墙应将基础底面埋在冲刷线以下,冲刷线以下的深度护坦为0.5～1.0m,挡土墙至少为1.0m。

护坡和挡土墙设置防排水设备,防止边坡和墙后积水,增加静水压力和冻胀压力。护坡中下部设置排水孔可做10cm×10cm方孔,挡土墙一般为10cm×10cm、15cm×20cm方孔,或5～10cm圆孔。孔距为2～3m,上下排水孔宜错开布置,浸水挡土墙最下排水孔应高出常水位0.3m。进水口周围还应做反滤层,以免孔道淤塞。墙后填料为黏土时,水分不易渗入排水孔

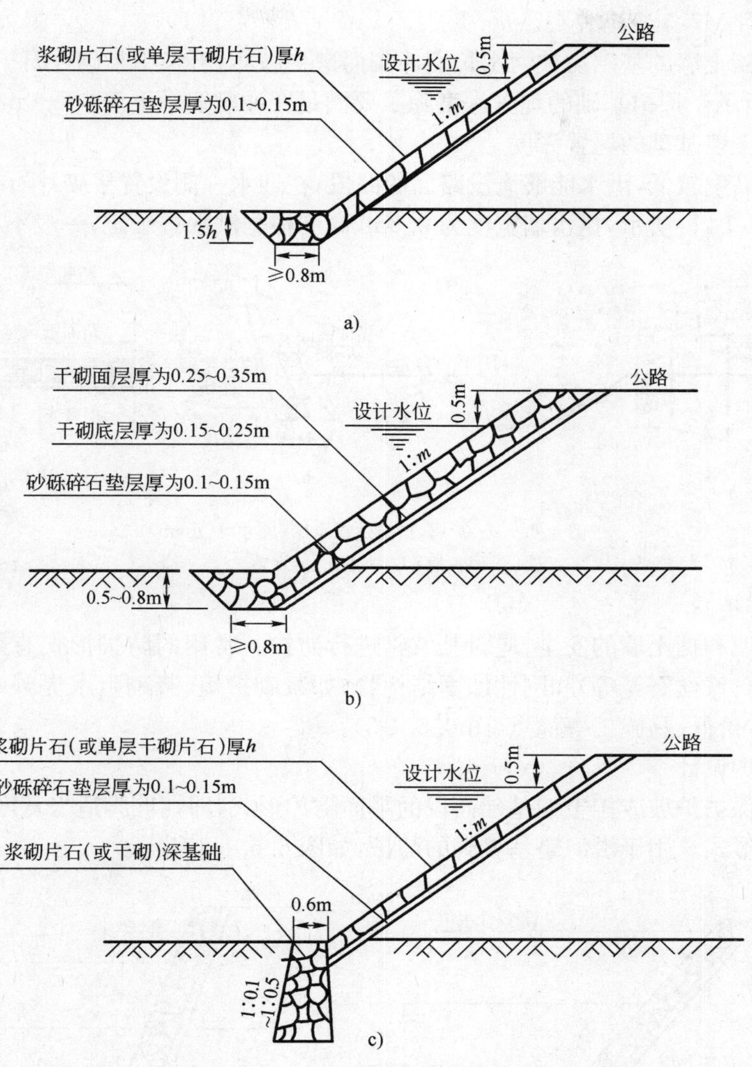

图 6.6.1-1 浆砌片石护坡

a)单层石砌护坡；b)双层石砌护坡；c)深基础石砌护坡

排走，在渗水量大或有冻胀可能时，可在填料和墙背之间，用渗水材料(砂砾、碎石)填筑厚度大于 0.3m 的连续排水层。泄水量大时，还可在层底设沿墙的纵向渗沟，配合排水层把水排到墙外。排水层顶部和底部应用 0.3～0.5m 厚的不透水材料封闭。在严寒地区挡土墙应做防水处理，在墙后先抹一层 2cm 厚的砂浆，再涂以 2mm 厚的热沥青。

为避免地基不均匀沉陷和温度变形，应设置变形缝。一般每隔 10～15m 或土质变化处设置一道，缝宽 2～3cm，自墙顶做到基底，缝内填塞沥青麻筋、沥青木板等材料。

(2)护肩、护裙及拦水墙

对于公路沿河一侧路肩部分受到洪水的破坏，路堤高差较小，但边坡伸出较远，不易填筑时采用浆砌片石护肩加固路肩，如图 6.6.1-2a)所示。浆砌片石护肩的肩顶顶宽视护肩的高度而有所不同，护肩高度在 1.0m 以下时，顶宽为 0.8m，护肩高度在 1.0～2.0m 时，顶宽为

1.0m，护肩采用 M7.5 浆砌片石。

沿河路段挡土墙的基础易被河水长期冲淘而遭受破坏，可采用浆砌片石护裙进行加固，如图 6.6.1-2b)所示。护裙基础的埋置深度除了要满足在冲刷线以下至少 1.0m 外，还应当注意要大于已有挡土墙基础的埋置深度。

对于路基高度较低，洪水能够淹没路面的路段，在迎水一侧设置浆砌片石拦水墙以便拦截洪水，见图 6.6.1-2c)所示，拦水墙宽度为 0.5m，高度根据洪水位确定，一般不小于 1.0m。

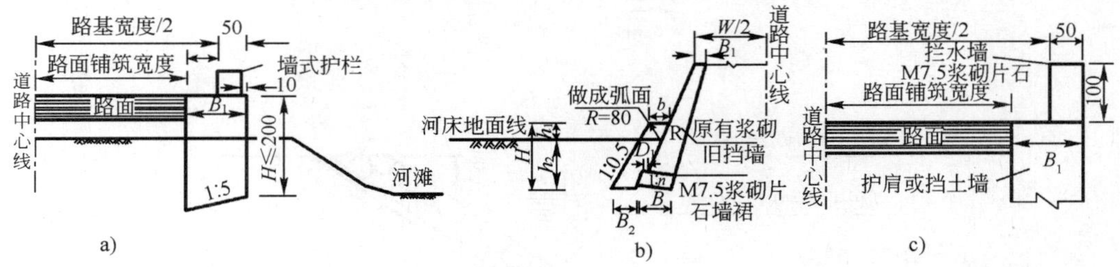

图 6.6.1-2　护肩、护裙及拦水墙(尺寸单位：cm)

a)护肩；b)护裙；c)拦水墙

(3)坡脚防护

为保证护坡和挡土墙的安全，应对其坡脚进行防护。常用的防护形式有柔性加固结构物(如抛石或堆石、铁丝石笼等)和刚性加固结构物(如浆砌护坦、浆砌阻水堤等)，其中护坦防护具有效果好、造价低、易施工等优点(图 6.6.1-3)。

①护坦防护设计

护坦是为保护护坡或挡土墙基础而设的平面防护形式，即在坡脚适当宽度内加固河床，边缘设置垂裙的形式。用于沿河路基坡脚的防护，如图 6.6.1-3 所示。

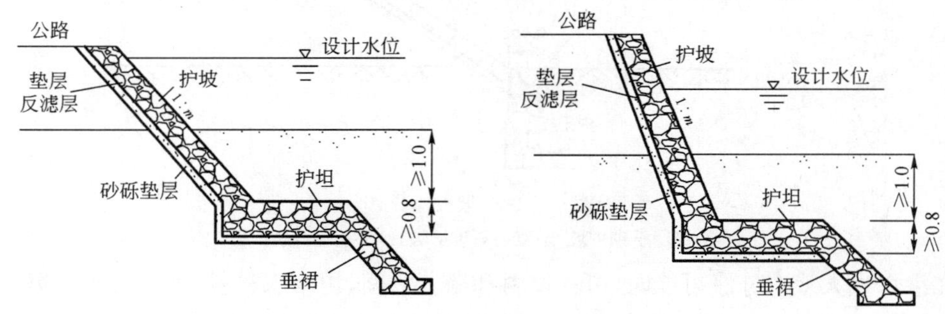

图 6.6.1-3　护坡和挡土墙的护坦基础(尺寸单位：m)

a. 护坦顶面必须埋入河床床面以下，才有明显防护效果，护坦的上游端不会出现局部冲刷坑。埋入深度 h_H 沙质河床多取 1～2m，卵石、圆石河床可取 1m 左右。

b. 护坦宽度 B_H 不应小于 1m，一般多取 1.5～3m。B_H 的计算见附录 2。

c. 护坦顶板的厚度

山区公路防护多用石砌护坦顶板，为防河道中洪水冲来的巨石撞击破坏，尽量用较大石块砌筑，坐浆饱满，板厚不宜小于 0.80m。顶板和垂裙也可采用片石混凝土，厚度为 0.40m，上表面不抹平，有石块突出较好。

d. 护坦顶板和挡土墙、护坡砌筑连摔成整体

浸水挡土墙、护坡与护坦顶板连接处必须形成整体。护坡、挡土墙和护坦床面以下部分，要求用较大的石料，浆缝饱满。

e. 垂裙下端应埋在计算冲刷线以下至少 0.5m。垂裙是修筑护坦后直接冲刷的部位，它的完整和安全是保证护坦的安全和防护功能实现的基础。垂裙的厚度不宜小于0.60m。垂裙埋深较大，不易抽水砌筑时，可在水下部分铺砌铅丝笼。

f. 护坦顶板和垂裙砌筑完成后，必须用较大粒径的床沙回填密实。

g. 垂裙做成斜墙时，冲深将减小。

②抛石防护

抛石防护主要用于沿河路基边坡及丁坝等坡脚和基础的冲刷防护，也用于洪水对边坡和建筑物基础冲刷、淘空的抢险。

抛石防护的使用范围：

a. 抛石防护主要用于受水流冲刷和淘刷的路基边坡和坡脚，最适用沿砾石河床的路基。对一般土质的沿河路堤在水流冲刷、坡脚淘空的情况下亦可采用。

b. 抛石施工不受气候条件的限制，对于季节性浸水或长期浸水的边坡，均可使用，并可在路堤沉降完成以前施工。

③石笼防护

山区沿河路基边坡或河岸，受急流冲刷或风浪冲击，且防护工程基础不易处理时，采用石笼防护。编制石笼网的材料最常用的是铁丝(一般可用 3～5 年)、镀锌铁丝(可用 8～12 年)，直径为 2.5～4.0mm，为加强可用直径 6～8mm 的钢筋做骨架，也可用钢筋混凝土做框架。石笼一般用于流速为 5～6m/s，波浪高度为 1.5～1.8m 的水流。在流速很大，又有大石块、卵石滚动冲击时，铁丝笼易被磨损冲击而破坏，一般不宜采用。这时可在石笼内浇灌小石子混凝土，或采用钢筋混凝土框架石笼。如用于防止冲刷淘底时，一般在河床上将石笼平铺并与坡脚线垂直，同时固定靠坡脚处的尾端，但靠河中心一端不要固定，淘底时便于向下沉落。其铺设长度不宜小于 1.5～2.0 倍的冲刷深度。当石笼用以防止坡面受冲刷时，则用垒码形式。当流速不大，可用平铺于坡面的形式，如图 6.6.1-4 所示。平铺石笼宜用扁形，叠砌石笼宜用长方形，防洪抢险时宜用圆柱形(便于滚动)或无骨架软网袋，见图 6.6.1-5。

石笼下面需用碎石和砾石整平做垫层，必要时底层石笼的各角用 10～20mm 的钢筋固定于基底土中。编制石笼时要保持各部分的正确尺寸，以利于石笼之间的紧密连接。

4)路基间接防护——丁坝

丁坝坝顶高于洪水位，洪水不会漫过(淹没)坝顶，称为不漫水(不淹没)丁坝；丁坝坝顶低于洪水位，洪水可漫过(淹没)坝顶，称漫水(淹没)丁坝。

如果要防护的路基较长，则需修筑若干个丁坝组成丁坝群，才能达到防护的目的。短(长度)、宽(横断面)、低(坝顶)、圆(坝头、顶面)、坡(坝顶纵坡)的丁坝和丁坝群，防护效果较好。丁坝一般宜成群布置。

沿河公路防护一般都是采用漫水丁坝或丁坝群。用石砌护坡、挡土墙配合短而低的漫水丁坝、丁坝群对沿河路基段进行防护，是最常见的方案之一。对于较宽阔、坡陡流急的山区河流、直河段和弯道修筑漫水丁坝群防护都较适宜。

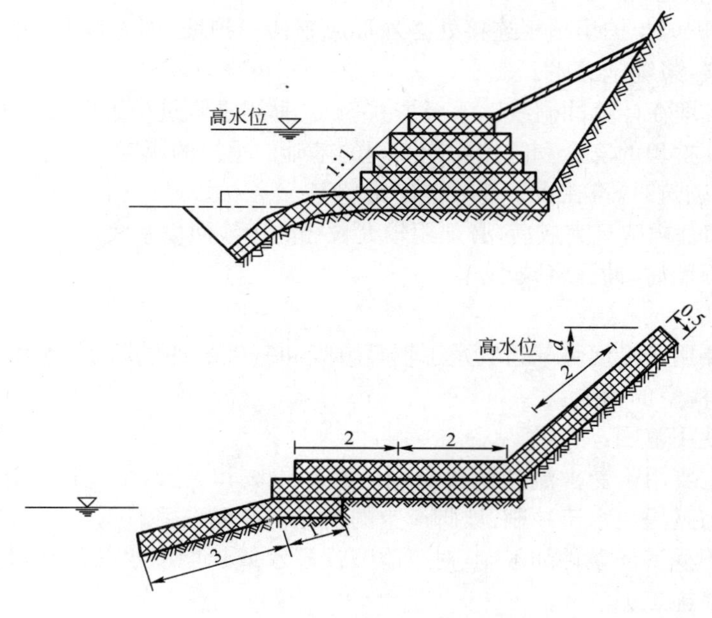

图 6.6.1-4　铁丝石笼防护(尺寸单位：m)

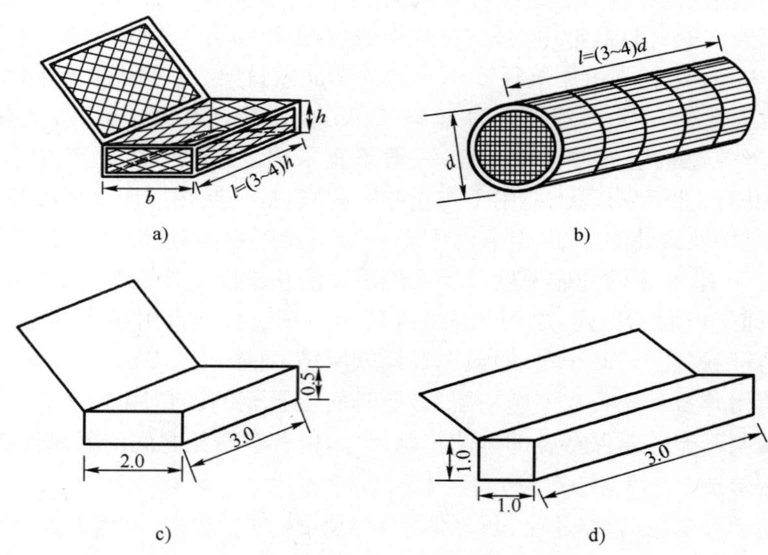

图 6.6.1-5　石笼的形式(尺寸单位:m)

a)箱形;b)圆柱形;c)扇形;d)柱形

丁坝端部冲刷深度 h_s、回流区长度 L_H 的计算见附录 A。

(1)漫水丁坝的形式

漫水丁坝的坝头和坝顶及上下游边坡,都有水流绕流,坝体坝头做成流线形利于洪水通过,减小洪水冲刷。

坝体形式不应细长,避免山洪暴发,大石块滚动撞击坝头坝体。秦岭山区公路防护调查表明丁坝坝长一般不应超过 10m，大多为 5～8m 或 3～6m。坝顶最小宽度为 1.5m，浆砌边坡为 1∶1～1∶1.5，上下游边坡坡度相同。坝头设纵坡（10%～15%）。这样在涨水过程中，自坝头向坝根逐渐漫水，避免平顶（无纵坡）同时漫水时，坝头的跌水出现。

（2）丁坝群对沿河路基的防护

一般沿河湾凹岸、顶冲河岸的路基范围较长，而且一个丁坝不宜做得过长、过大，其防护路基及河岸的长度有限。因此，采用数个丁坝组成的丁坝群防护河岸的路基，就成为最常用的方案，详见附录 A。

（3）丁坝自身防护措施

①采用柔性结构的丁坝

干砌片石外包一层铅丝笼形成的丁坝属于柔性结构。这种形式的丁坝基础埋深可较浅，坝头可随冲刷而下沉，但坝体不会因此产生断裂而破坏。当坝头下沉达到稳定状态时，可将坝头加高到设计值，全坝加做一层混凝土外罩，即可成为一种永久性建筑物。其优点是可避免大量的开挖工作，加快施工速度，尤其适用于公路水毁的抢险。

②采用防冲盘进行防护

防冲盘是一种平面防护，一般做成铅丝石笼柔性结构，平铺于坝头附近。若将其顶面置于河床面上，应注意要充分覆盖冲刷坑范围；若将其置于河床面以下一定深度，其表面积可相应减小。因此，防冲盘应尽可能地埋在河床面以下，这时，丁坝基础嵌入防冲盘下一定安全深度即可，如图 6.6.1-6 所示。

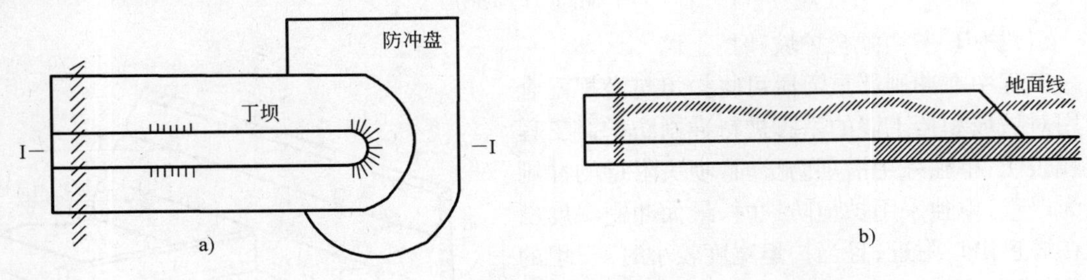

图 6.6.1-6 防冲盘结构

a）平面图；b）I-I 剖面图

③采用抛石进行防护

这种防护措施的关键是使抛石范围充分覆盖需要防护的丁坝局部冲刷坑范围。为了防止抛石被冲走，抛石顶面应尽量码砌平整，并最好在抛石下游末端设置铁丝石笼拦截墙，其顶面与抛石顶面齐平，以提高抛石的抗冲能力。丁坝自身结构面临洪水冲毁危险时，采用抛石防护可快速有效地保证丁坝安全。

④采用护坦式基脚

护坦式基脚可采用浆砌片石或混凝土，与丁坝基础连成一体或单独沿丁坝基础周围砌筑，高度与丁坝基础高度一致。其减冲效果和导流堤以及挡土墙和护坡的护坦式基脚减冲效果一样，能够有效地减小坝头冲刷，降低丁坝基础埋深，见图 6.6.1-7。

5）综合防护

路基防护采用单一的防护往往达不到所需的防护效果，因此常常采用柔性加固结构物和刚性加固结构物与各种形式的丁坝、护坦、潜坝与护坡、挡土墙相配合使用。具体防护方案的采用应通过现场调查、分析，根据工程具体情况及河流地形特征，尽量做到设计方案形式简单、施工方便、投资少，使采用的防护工程既经济合理又安全有效。

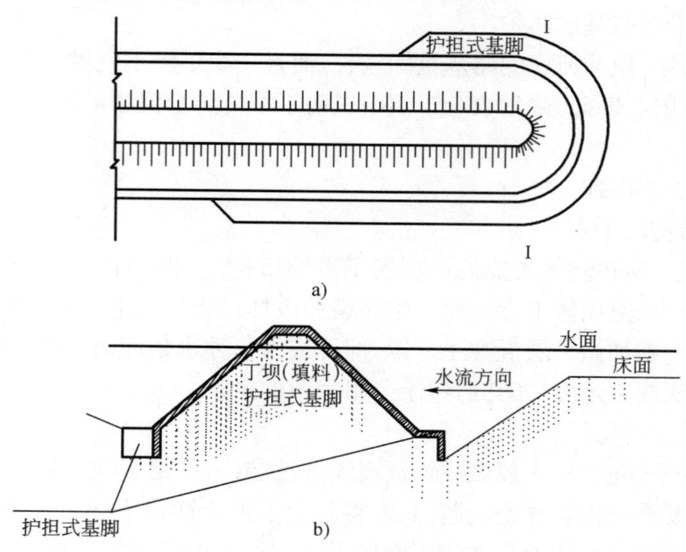

图 6.6.1-7 丁坝护坦式基脚结构

a)平面图；b)I-I 剖面图

(1)护坦、潜坝配合护坡和挡土墙

工程中在冲刷严重河段可将护坦与潜坝配合使用对护坡和挡土墙的基脚进行冲刷防护。工程实践表明：单独采用潜坝防护时，坝头附近的冲刷最为严重；单独采用护坦防护时，最大冲刷深度出现在弯道出口附近；且当护坦宽度较小时，护坦的减冲效果不是十分明显。若在护坦防护的基础上配合潜坝，护坦可以减小潜坝坝头的冲刷，同时潜坝又可使坝后护坦垂裙处的冲刷减小，这样就可使总的冲刷程度减轻，如图 6.6.1-8 所示。

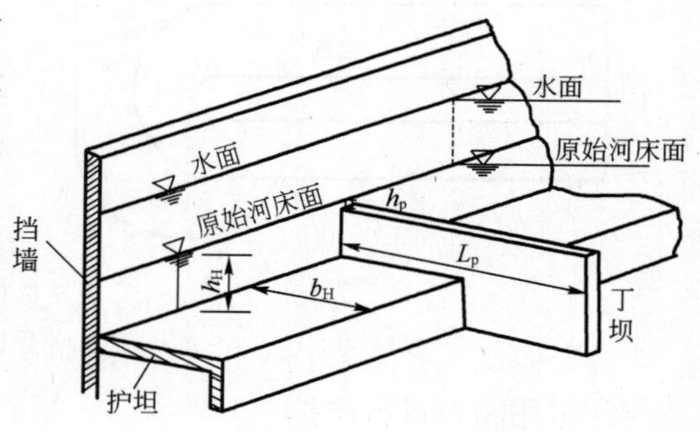

图 6.6.1-8 护坦与潜坝配合示意图

(2)漫水丁坝坝头护坦配合护坡和挡土墙

为了减少弯道凹岸丁坝的坝头冲深，在丁坝坝头设置护坦以减少坝头冲刷。漫水丁坝配合坝头护坦时，取 $\Delta h/h=0.15$ 左右较为适宜，但随着 $\Delta h/h$ 的增加，护坦的减冲作用越来越小。当 $\Delta h/h$ 接近 1 时，采用坝头护坦可使坝后冲刷减小，但使坝头冲深增加较多。

(3)浅基础挡土墙配合丁坝防护

这种防护形式在山区宽浅变迁性河段应用较多。用丁坝配合浅基础挡土墙对路基进行防护，减少了挡土墙基础的埋置深度，圬工体积减少，施工难度大大降低。

(4)护坦与丁坝的配合使用

护坦顶面应低于河床面，其减冲防护效果与护坦宽度 b_H 有关。当护坦宽度 b_H 较小时，护坦与潜坝合理的配合形式是：当坝长大于护坦宽度时，从上游坝开始，各坝的坝顶高程应逐个降低，直至与护坦顶面高程相等；当坝长等于护坦宽度时，各坝坝高应高于护坦顶面，且均与河床面等高。当护坦宽度 b_H 较大时，与潜坝配合，防护效果无明显增加。

(5)注意事项

①对山区峡谷河段的路基防护，宜采用护坦配合护坡和挡土墙的防护形式。当护坡和挡土墙的基础埋深不能置于最低冲刷线以下时，可采用浅基护坡、挡土墙配合护坦的防护形式；当采用护坦防护需要护坦宽度很大时，可以采用一定形式的潜坝群与宽度较小的护坦配合使用。

②对于山区开阔河段以及宽浅顺直的变迁性河段，可采用漫水丁坝群与护坡、挡土墙配合使用。若计算出坝头冲刷深度过大，可适当降低坝高或逐个降低坝高，从而减小弯道出口附近的丁坝坝头冲刷。

③对洪水期含沙量较大的河流可采用透水坝，使水流减速淤沙，从而起到防护河岸及沿河路基的作用。

6.6.2 坡面暴雨冲刷防护

路基坡面冲刷防护工程应在稳定的边坡上设置，防护类型的选择应综合考虑工程地质、水文地质、边坡特征、环境条件、施工条件和工期等因素的影响，对于路基稳定性不足和存在不良地质因素的路段，应注意路基边坡防护与支挡加固的综合设计。

1)植物防护

(1)植被防护

①选用草种应根据防护目的、气候、土质、施工季节等确定，宜采用易成活、生长快、根系发达、叶茎矮或有匍匐茎的多年生草种。

②种子的配合、播种量等的设计应根据选用植物的生长特点、防护地点及施工方法确定。

③铺草皮适用于需要快速绿化的边坡，且坡率缓于 1∶1 的土质边坡和严重风化的软质岩石边坡。草皮应选择根系发达、茎矮叶茂耐旱草种，不宜采用喜水草种，严禁采用生长在泥沼地的草皮。

④植树适用于坡率缓于 1∶1.5 的边坡，或在边坡以外的河岸及漫滩外。树种应选用能迅速生长且根深枝密的低矮灌木类。公路弯道内侧边坡严禁栽植高大树木。

(2)三维植被网防护

三维植被网适用于砂性土、土夹石及风化岩，且坡率缓于 1∶0.75 边坡防护；三维植被网中的回填土采用客土或土、肥料及含腐殖质土的混合物。

(3)湿法喷播

湿法喷播适用于土质边坡、土夹石边坡、严重风化岩石，且坡率缓于 1∶0.5 的路堑和路堤边坡及中央分隔带、立交区、服务区及弃土堆绿化防护。

(4)客土喷播

①客土喷播适用于风化岩、土壤较少的软岩、养分较少的土壤、硬质土壤，植物立地条件差的高大陡坡面和受侵蚀显著的坡面。

②当坡度陡于 1∶1.0 时，宜设置挂网或混凝土框架。

2)骨架植物防护

(1)浆砌片石或水泥混凝土骨架植草护坡

①适用于缓于 1∶0.75 土质和全风化的岩石边坡。当坡面受雨水冲刷严重或潮湿时,坡度应缓于 1∶1。

②应视边坡坡度、土质和当地情况确定骨架形式,并与周围景观相协调。框架内应采用植物或其他辅助防护措施。

③当降雨量较大且集中的地区,骨架宜做成截水沟型。截水沟断面尺寸由降雨强度计算确定。

(2)多边形水泥混凝土空心块植物护坡

①适用于坡度缓于 1∶0.75 的土质边坡和全风化、强风化的岩石路堑边坡,并视需要设置浆砌片石或混凝土骨架。

②多边形空心预制块的混凝土强度不应低于 C20,厚度不应小于 150mm。空心预制块内应填充种植土,喷播植草。

(3)锚杆混凝土框架植物防护

①适用于土质边坡和坡体中无不良结构面、风化破碎的岩石路堑边坡。

②锚杆采用非预应力的全长黏结型锚杆,锚杆间距、长度应根据边坡地质情况而定。锚杆保护层厚度不应小于 20mm。

③框架应采用钢筋混凝土,混凝土强度不应低于 C25,框架几何尺寸应根据边坡高度和地层情况等确定,框架内宜植草。

3)圬工防护

(1)喷护

①适用于坡度缓于 1∶0.5、易风化但未遭强风化的岩石边坡。

②喷浆防护厚度不宜小于 50mm,采用的砂浆强度不应低于 M10。

③喷射混凝土防护厚度不宜小于 80mm,混凝土强度不应低于 C15。

④喷护坡面应设置泄水孔和伸缩缝。

(2)锚杆挂网喷浆(混凝土)

①适用于坡面为碎裂结构的硬岩或层状结构的不连续地层以及坡面岩石与基岩分开并有可能下滑的挖方边坡。

②锚杆应嵌入稳固基岩内,锚固深度应根据岩体性质确定。

③钢筋网喷射混凝土支护厚度不应小于 100mm,亦不应大于 250mm。钢筋保护层厚度不应小于 20mm。

(3)护坡

①干砌片石护坡适用于坡度缓于 1∶1.25 的土(石)质路堑边坡。干砌片石护坡厚度不宜小于 250mm。

②浆砌片(卵)石护坡适用于坡度缓于 1∶1 的易风化的岩石和土质路堑边坡。浆砌片(卵)石护坡的厚度不宜小于 250mm,砂浆强度不应低于 M5,护坡应设置伸缩缝和泄水孔。

③水泥混凝土预制块护坡适用于石料缺乏地区的路基边坡防护。预制块的混凝土强度不应低于 C15,在严寒地区不应低于 C20。

④铺砌层下应设置碎石或砂砾垫层,厚度不宜小于100mm。

(4)护面墙

①护面墙适用于防护易风化或风化严重的软质岩石或较破碎岩石的挖方边坡以及坡面易受侵蚀的土质边坡,边坡不宜陡于1∶0.5。护面墙类型应根据边坡地质条件确定,窗孔式护面墙防护的边坡不应陡于1∶0.75;拱式护面墙适用于边坡下部岩层较完整而上部需防护路段,边坡应缓于1∶0.5。

②单级护面墙的高度不宜超过10m,并应设置伸缩缝和泄水孔。

③护面墙基础应设置在稳定的地基上,埋置深度应根据地质条件确定,冰冻地区,应埋置在冰冻深度以下不小于250mm。护面墙前趾应低于边沟铺砌的底面。

6.6.3　排水系统水毁防治

完善路基排水系统是防治其水毁的前提。应从以下几方面注意完善排水系统:

(1)调查水源和补给的水量对路基的危害程度,分清主次,采取相应设施。

(2)流向路基的地表水或地下水,须在路基以外适当地点设置截水沟或截水渗沟拦截,直接引离路基,或汇集起来用沟管引离路基,或降低地下水位。

(3)合理的布置桥涵,对明显的天然沟槽,一般宜"一沟一涵"。

(4)在局部排水困难或地质不良地段,应做好单独的排水设计,并重视与整个排水系统的连接与配合。

(5)重视排水沟渠的进出口处理,防止局部冲刷破坏。

下面从小桥涵水毁及排水沟渠水毁防护两方面介绍排水系统水毁防治。

1)小桥涵水毁防护

(1)小桥涵水毁形式及对策

公路小桥涵以进出口处的水毁破坏最为严重,特别是出口。针对小桥涵水毁病害要早诊断、早发现,必要时可设置踏步,便于观察,并且应根据当地具体情况综合分析,灵活采用合理的防治措施。小桥涵水毁形式及防治对策,见表6.6.3-1。

(2)小桥涵水毁防治要点

小桥涵选位、孔径、进出口形式以及加固消能措施等方面是防治小桥涵水毁的关键。

小桥涵的涵底(或桥下)以及进出口段应铺砌,以提高抗冲能力,必要时应设置适当的导流和消能构造物。当涵洞进出口易滞水时,若黄土疏松、湿陷、有陷坑时,应深开挖、分层回填夯实,引水入涵,使水流不能下渗造成路基沉陷、塌陷。

①为满足排水和输沙的要求,且便于人工清淤,应设置直径不小于100cm的钢筋混凝土管涵或墙身高不小于100cm的钢筋混凝土板涵或石拱涵,通常应设置在凹凸曲线顶部和纵坡的陡缓变坡处。

②涵洞进水口应进行浆砌片石铺砌,当涵前排水沟纵坡较大时,应建急流槽或跌水等构造物以减缓流速。

③应根据水流情况修建相应的调治构造物,以保证小桥涵在设计洪水位时不被冲毁。

④对于已出现局部基础淘空的桥涵,应立即用混凝土填筑基础淘空部分,然后采取现浇钢筋混凝土加固基础;必要时,在桥涵上游修建合适的导流堤、丁坝等调治构造物,使水流均匀流

畅地通过桥孔。

⑤在小桥涵上游的流域内实施植草、种树等生物防治措施，能够有效地改善生态环境，减小径流强度，防止水土流失，预防小桥涵水毁。

⑥加强小桥涵的日常养护，做好涵口、涵底清淤和涵底、涵台的加固，重点加强进出水口防治，使小桥涵输水流畅。

小桥涵水毁形式及防治对策　　表 6.6.3-1

部位	水毁形式	水毁主要原因	防治对策
进口	进口淤积导致过洪不畅，上游积水	(1)进口形式选择不当； (2)纵坡坡度太小； (3)进口堆积物的堵塞	(1)洞口形式应结合具体地形地质情况选择，进口宜做成“八”字形或流线形； (2)设置陡坡涵，并清理进出口堆积物
	进口冲刷破坏	(1)上游来流速度过大，超过了小桥涵衬砌材料的最大允许流速； (2)水流方向与桥涵中轴线偏差过大，不能顺畅进入洞口	(1)在进口之前设消能措施(跌坎、跌水井、消力坎等)，亦可在进口处铺筑卵石等进行加糙，以减速消能； (2)进涵前调整水流方向，引导入涵
	进口浸泡	进口高程偏高，造成涵前积水，长时间浸泡影响结构物的稳定以及路基强度，导致路基坍塌破坏	(1)进口涵前开挖回填，降低高程； (2)勘察设计时，应尽量查明进出口高程、水流方向及河床土质条件
涵身	渗漏	(1)填方路基不均匀沉降； (2)填缝材料使用不当； (3)地基未处理好，出现不允许变形	(1)设置沉降缝，并选择合理的填缝料，常用填缝料有沥青麻筋、聚氯乙烯胶泥等； (2)控制沉降缝数量，使用中及时养护； (3)基底改善加固，如基底夯实等物理加固、掺石灰等化学加固； (4)设计纵坡宜大些，以使水流尽快排出； (5)采用防渗土工布或土工织物等建筑材料，起到隔水防渗作用； (6)调整桥涵轴线方向，避免积水
	纵横裂缝	(1)路基的不均匀沉降； (2)地基承载力不足； (3)填土压实不够	
	洞身结构变形	(1)路基的不均匀沉降； (2)未加固或加固措施不到位； (3)桥涵设计不合理，如偏心受压； (4)地基承载力不足	
	洞内积水	(1)纵向不均匀沉降； (2)小桥涵纵坡太小	
	墙(台)背路基冲刷破坏	(1)桥涵泄洪能力不足； (2)主流方向与桥涵轴线方向不一致	
出口	水流对出口的冲刷形成局部冲刷，致使垂裙下沉、坍塌，造成小桥涵出口铺砌段的损坏	(1)实际流速大于土壤允许不冲刷流速，产生较大的局部冲刷； (2)水流由洞内的急流变为缓流，在出口形成水跃，使水流紊动性增强，产生旋流，引起局部冲刷； (3)出口水流方向与河床形成某一交角，水流对河岸产生淘刷作用； (4)局部冲刷坑的深度超过垂裙的基础埋置深度； (5)未采取有效的消能措施	(1)铺砌加固或延长铺砌； (2)出口做成流线形，使水流顺利扩散； (3)设出口排水沟； (4)当出口位于陡坡上时，宜考虑设急流槽将水送入沟底； (5)为减少工程量，依地形可设挑流或射流； (6)进行必要的消能措施(跌坎、跌水井、消力坎等)，进行加糙减速消能； (7)增大垂裙的基础埋置深度

2)排水沟渠水毁防护

为了迅速排除降落在公路路界内的地表水，将公路上侧方的地表水和地下水排到公路的下侧方，路基排水设计应与当地的自然水系、已有或规划的水利设施、桥涵、地质条件、地形地貌等相配合，选用合适的路基排水设施，防、排、疏结合，并与路面排水、路基防护、地基处理等相互协调，形成一个完整而通畅的排水系统，提高排水能力，将危害路基的水流迅速引离路基，保证路基干燥、坚固和稳定。

(1)路基排水设施水毁形式及防治

路基排水设施包括地表排水构造物和地下排水构造物，常见排水结构及其水毁破坏形式如表6.6.3-2所示。做好各种排水设施的相互衔接，如边沟与排水沟、排水沟与蒸发池、边沟与急流槽的衔接等。

常见排水结构的水毁破坏形式及其防治措施 表6.6.3-2

名称		特点	常见病害	防治措施
地表排水构造物	边沟	设在挖方边坡坡脚、零填路段的路面外侧的纵向排水结构物	边坡碎落土石阻塞边沟、地下水位较高的挖方路段地下水从边沟薄弱处涌出、边沟与急流槽衔接不当产生冲刷或壅水、边沟渗漏破坏	加强日常养护；边沟外侧或边沟沟底之下设排水盲沟以降低路基地下水位；采用直接交汇、跌水井、跌坎；根据黄土的湿陷等级选用防止边沟渗漏破坏
	挖方坡顶截水沟	截水沟的设置与坡顶汇水区面积、汇水区条件、所在地区降雨量、坡面防护情况有关。截水沟的出口在挖方边坡两侧，应引排入自然溪沟	截水沟出口没有与自然溪沟衔接，引起冲刷破坏	结合搜集的暴雨资料，正确计算截水沟的设计流量，并根据地形布设和计算过水断面。同时，加强截水沟出口与自然溪沟的合理衔接
	边坡平台截水沟	汇集边坡平台之间坡面产流。坡度越大，边坡的承雨面积越小	土质边坡常因平台截水沟纵坡太小而产生渗透破坏，其破坏表现为小型塌方、楔形体破坏，在黄土地区则常表现为平台下沿的冲刷破坏	对于土质边坡，最好选择植物防护。采用植物防护时，边坡平台具有明显的种草植树的优势。植物防护能有效减轻排水系统的压力，并对保护生态环境有利
	急流槽	将截水沟或坡顶水流引向坡脚、排出坡面。急流槽的底坡与边坡坡度一致，一般大于30°	底部冲刷、出口冲刷、槽身断裂或溜滑	加强施工质量控制；及时检修；或用管道代替
	排水沟	在路堤边坡坡脚或公路下边坡与自然斜坡交接处，用以防止坡面排水出口、边沟出口的集中冲刷，汇集水流并排入自然溪沟	因基底不密实产生变形破裂或冲刷破坏	易受水流冲刷的排水沟应采取防护，加固措施，与其他排水设施(如涵洞)的衔接应顺畅
	暗沟	排除路面下的泉水或地下集中水流	淤堵	
	渗沟	以渗透方式将地下水汇集于沟内，并通过沟底通道将水排至指定地点	淤堵	渗沟纵坡不小于1%，并尽量采用5%的纵坡；提高填料的清洁度；采用无砂混凝土、透水土工布代替反滤层或作为反滤层的一部分，可以提高反滤效果
	仰斜式排水孔	引排边坡内的地下水，仰斜式排水孔的仰角不宜小于6°，且排出的水宜引入路堑边沟排除		

(2)排水系统水毁防治注意事项

①山区公路排水沟渠的设计,应按地形划分集水区,结合崩塌、滑坡等地质病害的治理,做好路堑边坡截水沟的设置,系统布设排水建筑物。

②对已建成的公路,应注意雨天巡查,特别是大暴雨期间,要检查边沟等排水情况,及时疏通,并注意积累资料,以便改善排水系统。

③要注意路面、路肩排水顺畅,防止路面积水或路面水直接排向边坡,造成边坡土方流失、塌方。

④路堑必须设置边沟,对于较长的路堑边沟必须设置合理的纵坡;当纵坡较大,且有冲刷可能时,应加固沟壁、加大沟渠过水断面或改用跌水与急流槽等设施。路堑挖方上侧距离挖方坡口 5m 外应设置一道或多道截水沟,以使地表水汇入截水沟引到排水沟或涵洞排出。

⑤路基边沟纵坡不小于 0.5%,单向排水长度不宜超过 500m,应分段设排水沟、涵洞将水引出路基,以免水积聚在边沟内而下渗,影响路基稳定。

⑥在地下水位浅的路段,应铺设砂(砾)垫层以阻断毛细水上升,以免影响路基路面稳定,路面基层宜采用水泥稳定土类、二灰稳定碎石类以提高路基路面浸水稳定性,并具有足够的强度,面层宜采用密实型路面结构以防止雨水下渗。

⑦黄土地区排水沟渠出水口设计,在工程中宜采用“消能防渗”为主导的防治措施,一般有如下几种处理方法:

a. 挑流或射流出口,此时应在落水部位放置垫石避免对黄土直接冲刷。

b. 消力池减冲。为避免消力池自身因黄土湿陷而破坏,建议在消力池底部设灌注桩或打入短预制桩以减少沉降变形;消力池一般与消力坎配对使用。

c. 散流。在出口处改变过水断面的宽度,使水流分散而不能形成集中股流冲刷。这种出口可做成“八”字形,同时可在加宽处减小纵坡、加糙,以减小水流速度。

d. 挖排水沟将水“远送”入深沟。纵坡不大时均可采用这种排水方式,安全可靠。远离路基出口的局部损坏一般对路基没有太大危害,及时养护维修即可。

⑧黄土地区排水沟渠防湿陷处理措施主要有沟渠铺砌;填缝处防渗;土工布、土工织物防渗;排水沟渠不宜过长,沟渠设计纵坡宜大,以使水流尽快排走,避免在出口形成积水;基底夯实、增加出口基础埋深、掺石灰等以改善基底。

7 施工要点及工程验收

灾害防治工程施工应注意以下内容。

(1)工期安排:灾害整治工程与新建公路不同,工期安排应避开主汛期。我省的主汛期为每年6～9月,灾害整治主体工程应尽量安排在每年10月至次年5月,可根据工程方案合理安排施工次序。

(2)交通组织:干线公路交通量大,山区开辟便道较困难。灾害整治工程施工中应精心组织交通,力争不使交通中断,或尽量将阻断时间减到最少。

(3)施工安全:灾害体稳定性差,施工安全问题突出,施工应在灾害体基本稳定的前提下进行,并应做好临时防护和施工监测工作。边坡加固施工现场应采取临时稳定措施,并做好经常性检查和监测工作。在边坡稳定之前,不得在变形及其影响范围或休息处停放机械,防止造成人员和财产损失。

(4)信息反馈:灾害治理工程施工能揭示勘察中得不到的信息,施工中工程条件也会发生一些变化,及时反馈分析这些信息,对完善设计和施工工艺十分重要。

(5)质量控制:灾害防治工程的设计使用年限长,大部分是隐蔽工程,要能够抵御重大自然灾害,工程质量的好坏是工程成败的关键因素。灾害防治工程的质量取决于方案的可行性、施工组织、施工工艺、材料性能以及相关人员的工作完成质量。应把质量控制的重点放在方案论证、施工图设计阶段,施工中则按照项目管理办法严把质量关,并做好竣工验收工作。

7.1 主要支挡构造物施工要点

7.1.1 普通挡土墙

1)基础

(1)在松软地层或坡积层地段开挖时,基坑不宜全段贯通,而应采用跳槽的办法开挖以防止上部失稳。

(2)当基底为碎石土、砂砾石、砂性土、黏性土等土质时,将其整平夯实。基础开挖大多采用明挖,当基坑开挖较深且边坡稳定性较差时,应采取临时支护工程;水下基坑开挖困难时,也可采用桩基础或沉井等基础。

(3)基底软弱或土质不良地段处理方法:

①当地基软弱,地形平坦,墙身又超过一定高度时,为减少地基压应力,增加抗倾覆稳定性,可做成台阶基础。如地基压应力超过地基承载力过多时,为避免台阶过多,可采用钢筋混凝土底板。

②如地基为淤泥质土、杂填土等,可采用砂砾、碎石、矿渣灰土等材料予以换填或用砂桩、石灰桩、碎石桩、挤淤法、土工织物及粉喷桩等方法分别予以处理。

(4)基坑开挖后,若发现地基与设计情况有出入,应按实际情况修改设计。若发现基岩有裂缝,应用水泥砂浆或小石子混凝土灌注至饱满。若基底岩层有外露的软弱夹层,宜于墙趾前对此层作封面保护,以防风化剥落后基础折裂而使墙身外倾。

(5)基坑开挖大小应满足基础施工的要求。基坑开挖坡度按地质、深度、水位等具体情况而定。

(6)任何土质基坑挖至高程后不得长时间暴露、扰动或浸泡而削弱其承载能力。基底尽量避免超挖,如有超挖或松动,应将其夯实。基坑开挖完成后,应放线复验,确认位置无误并经监理签认后,方可进行基础施工,基坑抽水应确保砌体砂浆不受水流冲刷。当基础完成后,立即回填,以小型机械进行分层压实,并在表层稍留向外斜坡,以免积水渗入浸泡基底。

2)排水设施及伸缩沉降裂缝

排水设施及伸缩沉降裂缝的施工应与砌体施工同步进行和同时完成,其主要内容有:反滤层的填筑、泄水孔位置的预埋或预留孔槽以及纵横向盲沟的设置等。

3)墙背填料

(1)需待砌体砂浆强度达70%以上时,方可回填墙背填料,并应优先选择渗水性较好的砂砾土填筑。如确有困难需采用不透水土壤时,必须做好砂砾反滤层,并与砌体同步进行。浸水挡土墙墙背应全部用水稳定性和透水性较好的材料填筑。

(2)墙背回填要均匀摊铺平整,并设不小于3%的横坡逐层填筑,逐层夯实,不允许向着墙背斜坡填筑,严禁使用膨胀性土和高塑性土。每层压实厚度不宜超过20cm,通过进行压实试验确定碾压机具、填料性质、填料分层厚度及碾压遍数,以便正确的指导施工。

(3)压实时应注意勿使墙身受较大的冲击影响,在临近墙背1.0m范围内,应采用小型压实机具碾压。小型压实机械有蛙式打夯机、内燃打夯机、手扶式振动压路机、振动平板夯等。

4)施工注意事项

(1)施工前,应做好地面排水和安全生产的准备工作。滨河及水库地段挡土墙宜在枯水季节施工。

(2)墙趾部分基坑,在基础施工完成后应及时回填夯实,并做成外倾斜坡,以免积水下渗,影响墙身的稳定。

(3)挡土墙的外墙应用规格块、料石,并采用分层错缝砌筑的方法,同时还应保证砂浆饱满,防止出现"墙体里外两层皮"的现象。

(4)注意泄水孔和排水层(即反滤层)的施工操作,保证排水通畅。

(5)浆砌挡土墙需待砂浆强度达70%以上时,方可回填墙背填料,且墙背填料应符合设计要求,避免采用膨胀性土和高塑性土,并做到逐层填筑,逐层夯实。不允许向着墙背斜坡填筑,夯实时应注意勿使墙身受较大冲击影响。墙后地面横坡陡于1∶3时,应作基底处理(如挖台阶),然后再回填。

(6)浆砌挡土墙的墙顶,可用M5砂浆抹平,厚2cm,干砌挡土墙墙顶50cm厚度内,用M2.5砂浆砌筑,以利稳定。

7.1.2 重力式抗滑挡土墙

(1)抗滑挡墙应分段跳槽开挖施工,严禁连续大开挖,或者说开挖后不及时进行砌筑。

(2)墙身要分层错缝砌筑,砌筑时应采用坐浆法,严禁采用灌浆法砌筑,避免砂浆不饱满或出现空洞。

(3)墙身砌筑采用M7.5砂浆,勾缝采用M10砂浆。

(4)墙身砌出地面后基坑应及时回填夯实,并完成其顶面排水,防渗设施。

(5)伸缩缝与沉降缝内两侧壁应竖直、平齐、无搭叠、缝宽2cm,沿缝三面用沥青麻絮填塞,一般不小于10cm。

(6)泄水孔应按设计要求设置,确保排水畅通,并应保证墙背反滤的施工质量。

(7)当墙身强度达到75%时,方可进行墙背回填工作,在距墙背0.5～1.0m以内,不宜用重型压路机碾压。

(8)片石饱水无侧限抗压强度不小于30MPa,尺寸应符合相关规范要求。

(9)反滤层砾石最大粒径不超过25mm,0.5mm颗粒含量不应小于5%,有条件可按两层填筑,靠挡墙填筑砾石,靠土体填筑中、粗砂。

(10)仰斜排水管采用聚丙乙烯硬塑料排水管,排水管孔径为ϕ100mm,插入坡体2m,伸入土体的排水管应按仰斜排水孔设计图中的要求打渗水孔,并包裹双层高强尼龙网,在挡土墙中的排水管不打渗水孔,也不包裹高强尼龙网。

7.1.3 锚杆(索)式挡土墙

锚杆式挡土墙通常有壁板式和柱板式两种。其施工要点如下:

(1)锚杆挡土墙混凝土构件包括肋柱和挡土板(柱板式)、墙面板(壁板式),可以在预制厂制作,也可以在工地预制。混凝土应采用机械拌和,做到搅拌均匀,浇筑均匀平整,振捣密实、无蜂窝、麻面、不得有掉角啃边和露筋翘曲,并应及时保湿养护,强度符合要求。

(2)肋柱模板一般比较长,容易变形,因此制作模板时,在每块模板上下边缘处,用45mm×45mm角钢固定,既可以防止模板变形,又可增加模板利用次数。肋柱模板内侧,钉一层0.3mm厚的白铁皮,方便脱模,保证构件表面美观。肋柱模板两端的挡头板与侧模相接,宜在侧模上做槽,挡头板卡在槽内。在安装模板时,每隔1m左右,装上用ϕ22钢筋制作的卡具,把模板卡住,以防浇筑混凝土时模板变形。肋柱上的锚杆预留孔,可以用木料做槽圆锥体短木棒,预埋在规定部位,待混凝土浇筑约2h后即转动一次,以后每隔1h转动一次,待混凝土终凝后即可取出。

(3)锚杆的材料、尺寸、规格必须经检验合格并符合设计要求后,方能使用。当锚杆用多根钢丝或钢绞线时,锚固段内的束线应做变形加工处理,以保证其锚固能力。采用Ⅰ、Ⅱ级钢筋作锚杆时,杆体组装前钢筋应平直、除油和除锈,自由段应用塑料布或塑料管包裹,与锚固体连接处用铅丝绑牢。

(4)锚杆一般沿水平方向向下倾斜10°～45°,倾角的大小视稳定岩层、施工机具的情况和肋柱的受力条件,并使锚杆长度尽可能最短等来保证。

(5)锚杆在岩层中的有效锚固长度一般不小于4m,锚孔内灌以膨胀水泥砂浆。压浆之前,必须先将锚头的预应力孔道端口封闭,简称“封锚”。

(6)为保证孔内锚固周围有足够的砂浆保护层,沿锚杆长每隔2～3m应焊设支架。锚孔孔口至墙面间的一段锚杆,采用沥青麻丝包扎防锈。

(7)锚杆与墙面的连接,可把锚杆钢筋弯入肋柱内(就地灌注时),或采用螺丝端杆、焊头连接等方式。

(8)当挡土墙较高(大于 6m),地质较差时,应将挡土墙分两级以上布置,两级之间可留1~2m的平台,以利施工操作和安全。

7.1.4　锚杆施工要点

砂浆锚杆可适用于各种地层,但一般不能施加预应力,注浆时容易造成砂浆空洞,浆体不密实,安装后不能及时提供锚固力。

(1)当孔深小于 3m 时,宜采用先注后插的施工工艺,其施工程序如下:

①注浆时将注浆管插入孔底,注浆管头部制成 45°斜口,随注浆体的注入匀速拔出注浆管。

②注浆体到达距孔口 200~300mm 时停止注浆,随之插入杆体,应确保杆体插入部分的长度不小于设计要求的长度。

③对于向上的锚杆,杆体插入后应在孔口用块石或木楔临时居中固定。

④杆体外露部分避免敲击、碰撞,3d 内不得悬吊重物,3d 后可安装垫板。

(2)当孔深大于 3m 时,宜采用先插后注的施工工艺,其施工程序如下:

①对于向下的锚杆,应将注浆管插入孔底,随后边注浆边向外拔注浆管,直至注满为止。

②对于向上的锚杆,应采用排气注浆法,将内径为 4~5mm、壁厚为 1~1.5mm 的软塑料排气管沿锚杆全长固定于杆体上,并在孔外留 1m 左右的富余长度。

③将锚杆缓慢送入孔中至设计位置。

④将长 250~300mm、外径 25mm 左右的薄壁钢管用早强或超早强水泥固定在孔口位置并将孔口堵密。

⑤注浆前应检查排气管,确认注浆管畅通时即可注浆,注浆时正常情况下有气体排出,当排气管不排气或溢出稀浆时即可停止注浆。

⑥3d 后安装垫板并拧紧螺母。

7.1.5　预应力锚索施工要点

锚索施工包括以下工序:锚索钻孔、清孔;钢绞线编束成型;锚索安装;孔内压浆;浇筑钢筋混凝土反力墩或地梁及框架;施加预应力;封锚。

1)锚索钻孔、清孔

钻机定位必须牢固,按设计下俯角度(一般 15°~30°)固定钻孔位置和方向,防止左右和上下偏斜。钻孔实际深度比设计深度要长 1.0m,留作沉渣段。

(1)滑体为土层或软质岩层,滑床为坚硬岩层时,孔口至滑动面一段应采用三牙轮钻头钻进,用高压风(压缩空气)出渣。若这段地层成孔性较好,不需下套管保护孔壁,则按设计孔径裸孔钻进;若这段地层成孔性较差,为防止孔壁坍塌卡钻,应沿套管钻进,其孔径比设计孔径大一个档次(例如设计孔径为 127mm,此段就下 ϕ146mm 的套管)。也可以用水泥浆加固孔壁而不下套管,视具体情况而定。滑面至孔底一段,采用冲击钻进。如果滑坡体较厚,即孔口至滑动面一段较深,钻机动力不够,带动大一个档次的套管跟管钻进有困难,而又必须用套管保护孔壁时,就下与设计孔径相同直径的套管,锚固段用 ODEX 钻具冲击扩孔,保证锚固段孔径满足设计要求。

(2)若地层裂隙发育跑风，岩渣吹不出来，则应采用双管同时推进的钻机或边钻进边灌浆，充填裂隙保护孔壁，这样虽然进度慢，但稳妥，不易出钻探事故。

(3)由于锚索孔向下俯斜一个角度，用高压风出渣比平孔和仰斜孔困难，所以小型空压机不适用，一般要求风量不小于 $12m^3/min$，风压不低于 1MPa 的空压机。

(4)不论对岩质地层还是土质地层，钻孔达到要求的深度后，都要清孔，清除孔内的岩渣和粉尘，增加锚固效果。最好用高压气流清孔，土质地层当然不可能用水清洗钻孔，就是岩质地层用水清洗钻孔也有很大弊病，洗孔时水渗进滑坡体内和滑带内，会影响滑坡的稳定性。

2)钢绞线编织成束

按设计锚索长度及每孔锚索的钢绞线根数用砂轮切割机切割锚索，其长度除锚索自由段和锚固段外，应加长 1.5m 作为张拉段。钢绞线必须顺直。

锚索应放在工作台上编织，防止污染。按要求绑扎架线环、紧箍环、导向壳及注浆管。自由段钢绞线涂防腐油后分别套上塑料管，并在底部封堵。塑料管在编织、运输和安装过程中不能有破损。

3)锚索安装

用人工或机械将编好的锚索束放入钻孔中，检查其是否下到孔底设计位置。否则应拔出、清孔，重新安放。

4)孔内压浆

压浆质量是锚索工程成败的关键。

水泥砂浆配合比：水∶水泥∶砂子＝0.4∶1∶1。

水泥等级不低于 42.5，砂子过筛孔径为 4mm，并用水洗净。若砂子粒径太大，容易发生离析，堵塞灌浆管。拌好的砂浆要过筛，以免有水泥结块堵塞灌浆管。也有用纯水泥浆的，但易收缩破坏。

压浆方式应采用反向压浆，即把灌浆管下到孔底，由孔底向孔口方向反向压浆。反向压浆有明显的优点：能保证砂浆完全充满锚索孔，不会出现正向压浆过程中因排气管堵塞孔底形成压缩空气，砂浆无法压进的现象。在地下水发育无法排干孔内地下水时，正向压浆是无法保证灌浆质量的。而反向压浆却可以把孔内地下水赶出孔外，保证灌浆质量。灌浆的压力一般为 0.3～0.6MPa 即可。锚索的锚固段和自由段要分开注浆。

孔内压浆管采用金属管或 PVC 管。采用金属管时，用外接箍连接，禁止采用异径接头连接。灌浆前用清水润湿灌浆管内壁。反向压浆的最大压力一般控制在 0.6MPa，随着孔内浆液由里向外不断推进，压力也逐渐升高，当压力接近 0.4～0.6MPa 时，将压浆管向外抽出 2～3m，这样边压边抽管子，直至达到设计要求。

对于机械式内锚头应先施加预应力，然后灌浆。因锚索孔较细，可采用正向压浆方式压浆。排气管多为 ϕ15mm 的塑料管或尼龙管，灌浆后留在孔内。当锚固段地层软弱，锚固力不足时，可采用二次劈裂注浆。

5)浇筑反力装置

预应力锚索的反力装置，不论是锚墩，还是地梁、框架，都是锚索受力的关键部件，一要稳定，二要有足够的强度。一般要嵌入坡面20cm，施工顺序为刻槽、立模、绑扎钢筋、浇筑混凝土。由于锚索附近受力大而集中，混凝土更应捣固密实。当梁下坡面不平顺时，必须用混凝土或浆砌片石垫平。反力装置的受力面应与锚索垂直。框架应分片浇筑，片间留沉降缝。

6)锚索张拉

张拉前，首先把孔口处混凝土整平，然后再依次放上钢垫板，安装外锚头、千斤顶及工具锚头。组装完毕后即可张拉。

张拉吨位和相应的压力表读数要制成表格。按设计要求分级张拉，每加一级荷载，要稳定5～8min，卸荷至前级荷载，再次升级加荷，直至加到设计荷载，持续10min，再卸荷至设计的预应力值锁定，至此整个张拉过程完毕。在加荷的同时，要测量锚索的伸长量，绘制出荷载与变形量关系曲线，确认锚索在弹性阶段工作。最后张拉到最大(设计)值，一是为了检验锚固力是否达到了设计要求；二是以后滑坡推力出现最大值时，使锚索均匀受力，并减小锚索的预应力损失。

为使锚索受力均匀，最好在全部锚索施工张拉完成后进行一次补张拉，一是使各根锚索受力均匀，二是补偿部分锚索的预应力损失。

当一根地梁或框架地梁上有2～3束锚索时，至少分两次循环张拉，第一次只张拉到设计荷载的50%，第二次再张拉到设计荷载，避免受力不均和梁的断裂。

7)封锚

当锚索张拉完成后，剪去多余的钢绞线，用C20混凝土封闭锚头，保护层厚度为10cm。为了美观，锚头封闭应用统一模具。

7.1.6 抗滑桩施工要点

(1)按设计桩位坐标测放各个抗滑桩的中点位置，然后按桩的长边平行主滑方向，短边垂直滑动方向及护壁的尺寸测出桩坑位置和形状。

(2)开挖前应平整孔口，并做好施工区的地表截、排水及防渗工作。雨季施工时，孔口应加筑适当高度的围堰。

(3)抗滑桩应跳桩分节开挖，每次间隔1～2孔。

(4)对应开挖的桩口，首先应按设计要求完成锁口盘的制作。基坑开挖深度每节1m。当地层松软、渗水易坍塌变形地段应减小每段开挖长度，开挖后应及时进行护壁支护；当护壁混凝土强度达到70%时，再进行下一级开挖。一段桩坑挖好后应检查桩孔尺寸和垂直度(从桩口吊垂球检查)，然后绑扎护壁钢筋、立模、浇筑护壁混凝土。上下段护壁钢筋应焊接，严禁简单绑扎。节间留空隙以便浇筑混凝土和捣固，但应及时封闭。混凝土中可加速凝剂以缩短拆模时间，加快开挖进度。坑内有积水时应及时抽水，并记录渗水位置和水量。坑内照明用低压灯泡，应经常检查是否漏电，并应防范镐、铲等碰撞电缆。坑中出渣起吊设备必须牢固，出渣时坑下人员应站于安全地带，防止石块掉落伤人。

(5)在围岩松软破碎和有滑动面的节段，应在护壁内顺滑坡方向用临时横撑加强支护，并注意观察其受力情况，及时进行加固。当发现横撑受力变形、破损而失效时，孔下施工人员必须立即撤离。

(6)开挖过程中应从上向下做地质岩性编录,验证地层岩性和滑动面位置。若与设计不符合时应及时通知设计单位变更设计,经监理批准后继续施工。开挖到设计桩底高程后,经监理验槽合格后,及时进行封底,用 1∶3 水泥砂浆铺底,厚 10cm。

(7)受力钢筋应按设计编号,对焊连接,不得采用搭接焊接,接头位置必须相互错开,在同一截面内,接头数不超过钢筋总数的 1/4,同时有接头的截面之间的距离不小于 2.5m,钢筋束三根钢筋需紧贴,沿钢筋长 1～2m 点焊成束。钢筋笼完成后经监理检查合格后,方能浇筑混凝土。

(8)浇筑桩身混凝土应不间断连续进行,一气呵成不留施工缝。若遇停水、停电等特殊情况中途停灌时,应采取插入钢筋或凿毛表面等补救措施。浇筑应采用混凝土泵将混凝土送入工作面,严禁从坑口向下倾倒混凝土造成离析。每灌 0.4～0.5m 厚混凝土应及时进行充分振捣,保证浇筑施工质量。

(9)抗滑桩开挖弃土不得堆弃于抗滑桩周围,必须按环保要求远弃,以免坡体因加载而产生失稳破坏。

(10)抗滑桩是一项质量要求高的工程,施工时必须坚持质量第一的原则,全面推行质量管理。除监理外,质量责任要落实到每一个人、每一根桩。抗滑桩质量控制项目包括:放桩挖孔、锁口、护壁、钢筋笼制作、安放、混凝土配制、浇筑等。

7.2　主要防护工程施工要点

7.2.1　三维植被网施工技术要求

三维植被是以热塑性树脂为原料,经挤压、拉伸等工序形成相互缠绕,在接点上相互熔合,底部为高模量基础层的三维立体网垫。三维植被网无腐蚀性、化学稳定,对大气、土壤、微生物呈惰性,具有固土性能优良,消能作用明显,能有效地保护坡面不受风、雨水侵蚀,网络加筋突出与保温功能良好等特点。

1)主要规格和技术要求

(1)三维网

三维植被网采用三层植被网:底网为两层,网包一层,型号为 EM3,厚为 15mm,卷长 50m,幅宽 2m,原材料为聚乙烯,质控抗拉强度分别为:大于等于(1.6±0.22)kN/m 和大于等于(2.4±0.4)kN/m,单位重量分别为:300g/m^2 和 350g/m^2,选用的三维网必须是新材料,严禁使用不合格或重复使用过的产品。

(2)固定钢钉

固定钢钉采用 U 形钢钉,主锚钉采用 ϕ8 mm 钢筋做成的 U 形钢钉长 50cm,辅锚钉采用 ϕ6 mm 的 U 形钢钉,锚钉长 30cm。

(3)无纺布

无纺布可采用 16～20g/m^2 热合或热黏型无纺布。

(4)纸浆纤维

纸浆纤维为内履材料或填充材料,通过机械搅拌把水和草种子混合在一起,能使种子均匀地分布在坡面上，并为草种提供萌芽所需水分。纸浆纤维用量为 150g/m²，施工时不得采用不合格的纸浆纤维。

(5)肥料

肥料可采用进口复合肥：N：P：K＝15：15：15，或堆沤土杂肥(米糠、鸡粪等)。

(6)土壤固着剂(黏结剂)

土壤固着剂具有吸水、黏结、改良土壤的功能，一般用量为 1～2g/m²，复合基质材料的配比：黏性土壤：鸡粪：复合肥：水泥＝10：1.5：0.003：0.3。

2)施工工序与施工工艺

施工工序：边坡场地处理→挂网→固定→回填土→喷播草籽→覆盖无纺布→养护管理。施工工艺流程如下。

(1)边坡场地处理：对松软坡面进行适当人工夯实，凹陷处采用人工填平，凸出处人工铲平，使边坡坡面平整，不出现凹凸不平或松垮现象。

(2)铺网：三维网在坡顶延 50cm 埋入截水沟或土中，然后自上而下平铺，网与网面纵向 15cm，横向 10cm 重叠搭接，采用主锚 U 形钢钉每间隔 50cm 固定，每 2m 幅宽中部用辅 U 形钢钉间隔 1m 固定三维网。铺网时，让网尽量与坡面贴附紧实，防止悬空，无褶皱，保持平整。

(3)固定：三维网固定主锚钉多用 ϕ8 mm 钢筋做成的 U 形钢钉，长 50cm，辅锚钉采用 ϕ6 mm 的 U 形钢钉。固定时，网要拉紧、重叠平整、钉与网紧贴坡面。

(4)回填土：三维网固定后，将土、长效肥、保水剂、种子、黏接剂等复合基质土，采用干土施工法进行回填，一般采用人工分 2～3 次抛洒在边坡坡面上，第一次抛洒厚度控制在 3～5cm，第二次抛洒厚度为 1～2cm，回填厚度直至覆盖网包(指自然沉降后)，每次抛洒完后，在抛洒土壤层表面洒水，洒水量要均匀，不能太多，以免造成新回填土流失，目的使回填的干土层自然沉降，并要进行适度夯实，防止局部回填土层与三维网脱离，不得出现网包外露现象。

(5)播种：草种应选择当地适生的品种，草种应具有优良的抗逆性，并采用两种以上的草种进行混播。播种方式可采用人工撒播，也可采用液压喷播，采用工人撒播后，应撒 5～10mm 细粉土。避免在雨天播种，雨季播种应加盖无纺布，促进草种的发芽生长。

(6)养护管理：苗期注意适时浇水，确保种子发芽、生长所需水分。适时揭开无纺布，保证草苗生长。定时针对性地喷洒农药，清除杂草，及时预防各种病虫的发生。对稀疏无草区应及时进行补播，保证草坪覆盖率达到 95%以上。

7.2.2 拱式骨架防护施工要求

(1)治理边坡应按设计要求进行放线开挖，开挖弃土应按环保要求进行远弃。

(2)骨架槽开挖应严格按设计要求进行开挖，槽坑应顺直、坑底平整，经监理验收后方可进行浆砌片石施工。

(3)片石饱水无侧限抗压强度不低于 30MPa，尺寸应符合相关规范要求，砌体砂浆采用 M7.5，骨架砌筑采用坐浆法，严禁灌浆砌筑，避免砂浆不饱满出现空洞或空隙。

(4)槽坑开挖后应及时砌筑，严禁长期暴露或雨水冲蚀。

(5)C20 水泥混凝土预制镶边石在预制前应做施工配合比试验,并经监理认可。

(6)每间隔 3 个拱设一道伸缩缝,缝宽 2cm,缝内两侧壁应竖直、平齐、无搭叠,用沥青麻絮填塞。

(7)按设计要求进行绿化,绿化后应加强养护。

(8)砌体检查:厚度每 $100m^2$ 检查 3 处,不应小于设计规定值;顶面高程每 50m 测量 3 处,允许偏差 5cm;坡面平整度用 2m 直尺任意抽检不大于 2cm。

7.2.3 机械和人工清除危石施工

(1)根据设计要求,对治理坡体进行认真分析,制订详细的施工计划和施工安保措施。设专人对坡面稳定状况进行全天候监控,确保施工安全。

(2)制订切实可行的保畅措施,确保交通不中断,不发生安全事故。

(3)对清除的岩石按环保要求进行处置。

(4)施工中有设计问题及时与监理、设计单位联系,变更设计后再进行施工。

7.2.4 SNS 主动式防护系统

1)施工准备

清除防护坡面内威胁施工安全的危石,对不利于施工安装和影响系统安装后正常功能发挥的局部地形(局部堆积和凸起体等)进行适当整修。砍除无特殊保留价值的,使系统的施工安装不能得到完全实施的树木。

2)放线确定孔位

根据锚杆的设计间距要求,一般以坡脚一侧为基点,逐渐向另一侧和上方测定各锚杆位置。根据地形条件,孔间距有 0.3m 的调整量,在孔间距允许的调整量范围内尽可能在低凹处选定锚杆孔位,对非低凹处或不能满足系统安装尽可能紧贴坡面的锚杆孔(一般连续悬空面积不得大于 5m,否则宜增设长度不小于 0.5m 的局部锚杆,该锚杆可采用直径不小于 ϕ12mm 的带弯钩的钢筋锚杆或直径不小于 ϕ12mm 的双股钢丝绳锚杆)应在每一孔位处凿一个深度不小于锚杆外露环套长度的凹坑,一般口径 20cm,深 20cm。

3)成孔

成孔一般采用轻型手持凿岩机钻凿锚杆孔,钻孔作业一般宜采用自上而下的施工顺序进行。钢丝绳锚杆的锚固段是两根并接的钢丝绳,由 ϕ16 钢丝绳制作的锚杆扁平方向的直径为 32mm 锚杆孔直径应比该尺寸至少大 10mm,当成孔设备有限时,可以考虑在同一位置钻凿两个相邻的,方位不同的小直径“人”字形锚杆孔,使锚杆的两根钢丝绳可以分别锚入两个孔内,以满足锚固力要求,两个孔径不小于 ϕ35,两股钢丝绳间夹角为 15°～30°。锚杆孔方位一般应尽可能垂直坡面。当局部孔位因地层松散或破碎不能成孔时,可采用面尺寸不小于 0.4m×0.4m的 C15 混凝土基础置换不能成孔的岩石段。

4)锚杆安装

按设计深度钻锚杆孔并清孔,孔深应大于设计锚杆长度 5～10cm,注浆并插入锚杆。锚杆外露环套顶不能高出地表,且环套段不能注浆,以确保支撑绳张拉后能紧贴地面,注浆采用 M25 水泥砂浆,灰砂比宜采用 1∶1～1∶1.2,水灰比为 0.45～0.50,水泥宜采用强度等级为 42.5 的普通硅酸盐水泥。优选用粒径不大于 3mm 的中细砂,确保注浆饱满,在进行下一道工序前注浆体养护不少于3d。注浆应采用机械注浆，一般不应采用人工注浆。

5)支撑绳安装

安装纵横向支撑绳，将一定长度的钢丝一端穿过一端部锚杆的外露环套，并用绳卡固定后逐个穿过同排列锚杆的外露环套，直至该支撑绳末端锚杆处，用张拉力不低于10kN的紧线器或葫芦拉紧支撑绳，用同规格的绳卡将末端固定(当支撑绳长度小于15m时为2个，大于30m时为4个，其间为3个)。

6)格栅铺挂

从上向下铺挂格栅网，网块间应重叠两排网孔宽度并用扎丝扎结(扎结间距一般为1m左右，扎丝为ϕ1.5钢丝)，应使网块尽可能平展并紧贴坡面；有条件时，本工序可在前一工序完成前即将格栅网置于支撑绳之下。

7)安装钢丝绳网及缝合

对需安装的钢丝绳网，应尽量将其置于由支撑绳形成的网格中间，并对其四角临时固定，从网格上部中点用一根ϕ8缝合钢丝绳向两边分别与支撑绳进行缝合连接，直至网块底部使缝合绳两端重叠0.5～1.0m后，将缝合绳两个端头与钢丝绳网间用相应规格的绳卡进行固定。在缝合过程中，一般可用手拉紧缝合绳，必要时也可采用紧线器或葫芦，以使钢丝绳网尽可能张紧。每张钢丝网用一根长约31m(或27m)的缝合绳。

施工单位应按相关要求，编制工程实施性施工组织设计，报监理工程师批准后执行，施工中，除按总说明中的相关规范执行，还应参照《铁路沿线斜坡柔性安全网》(TB/T 3089—2004)和《公路边坡防护系统构件》(JT/T 58—2004)的规定执行。

7.2.5　石笼防护施工要求

石笼多采用长3.0m宽2.0m高2.0m的箱形石笼，石笼主筋采用ϕ8钢筋，铁丝网采用ϕ4铁丝，铁丝网规格采用六角形网孔，网孔名义尺寸为100mm×120mm，捻纹数为4。为了增加铁丝石笼的使用寿命，铁丝应采用热镀锌，防止侵蚀。施工中应注意：

(1)石笼内所填石块，应采用重量大，坚硬未风化的石块或卵石，尺寸不小于石笼的网孔，严禁采用强度低、粒径小的石块或卵石。石笼外层应放置大石块，并使石块棱角突出网孔，以起保护铁丝网的作用，内层可以用较小的石块或卵石填充。

(2)编织石笼时，应注意保持石笼各部分的正确尺寸，以利石笼与石笼之间的紧密连接。用机器将铁丝弯成网孔元件，在工地再编织成网、成笼，既可提高工效又可保证质量。

(3)石笼安装首先应与河岸边坡坡脚线垂直，用人工方法将河岸边坡切成直角，用河中的砾卵石将石笼底面河床垫平，必要时可用ϕ16～19mm的钢筋在石笼的四个角将石笼固定于河床上。上层石笼应与下层石笼错缝，使之成为一个整体。

(4)施工过程必须经监理认可，方可进行下道工序。

7.2.6　抛石防护施工

(1)常用的抛石类型，基本上可分为图7.2.6-1和图7.2.6-2所示。

(2)抛石边坡坡度，见表7.2.6(参考)。

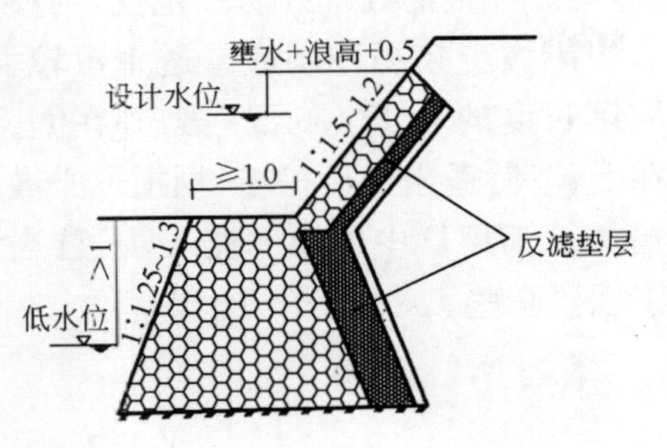

图 7.2.6-1 适用于新路堤的抛石(尺寸单位:m)

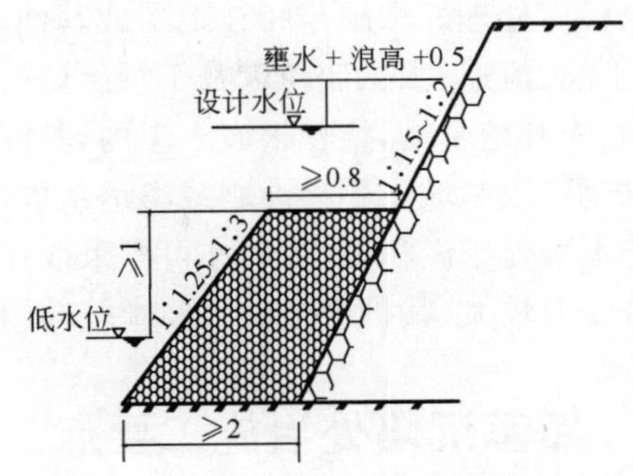

图 7.2.6-2 适用于旧路堤的抛石(尺寸单位:m)

抛石边坡坡度 表 7.2.6

水文条件	采用边坡
水浅、流速小	1∶1.25~1∶1.5
水深为 2~6m,流速较大,波浪汹涌	1∶2.0~1∶3.0
水深 6m 以上,在急流中施工	缓于 1∶2.0
注:如选择巨大石块铺在抛石垛表面时(水上施工)边坡坡度可为 1∶1	

(3)抛石粒径的选用要求。

抛石的粒径大小,要根据水流速度、水深、浪高,以及抛石边坡等因素确定。在流速大、波浪高及水深三者兼有时,应采用较大的石块。抛石厚度一般为粒径的 3~4 倍,用大粒径时至少不得小于粒径的 2 倍。为防止抛石背后路基土流失,必要时设置反滤层。

(4)抛石施工时要注意:

①除上述有关粒径选择参考外,所抛石料应选用质地坚硬、耐冻且不易风化崩解的石块。

②抛石防护除防洪抢险外,一般应于枯水季节施工。

③抛石时,宜用不少于计算尺寸的大小不同的石块掺杂抛投,使抛石保持一定的密度。

④抛石堆的顶宽、边坡、结构形式及长度,应按设计规定实施。

⑤如采用嵌固的抛石防护类型,一般采用打桩嵌固的方法,加固效果较好。

7.2.7 丁坝施工要点

(1)丁坝一般压缩水流断面较多,所以在组织施工前要慎重研究,拟定切实可行的施工方案,避免引起沿岸农田、村庄和上下游路基的冲刷;要详细调查核对坝址情况,如地质、河道、水文条件,在核查时或施工中发生新的变化,应及时修改设计并报有关部门批准后,方可施工。

(2)丁坝的基础埋置深度必须根据河床泥砂粒径、流速和坝的高低决定,若泥砂粒径大、流速小、坝又低,基础可浅些。坝头受水流冲刷严重,往往在坝头外侧冲成深沟,危及丁坝基础,故坝头部分的基础必须要深埋,应大于坝身的埋置深度,一般应埋到冲刷线以下 0.5~1.0m。坝根与坝身的基础可浅些,但不能浅于冲刷线。

(3)丁坝坝头不但受水流的强烈冲刷,还易受排筏及漂木的撞击,因此坝头基础除需要深埋外,还需作平面防护。

(4)应处理好坝根与相连地层或其他防护设施的连接。坝根的处理及防护范围,与所处河岸的土质、流速、水位变化以及丁坝所处的位置有关。当岸坡土较易冲刷或渗透系数较大时,坝根处应开挖基槽,将坝根嵌入岸内,其深度为坝的实际长度的 0.15～0.20 倍,并在上、下游铺设护坡;当岸坡土不易冲刷或渗透系数较小时,仅在上、下游适当铺设护坡,坝根不必嵌入岸内,若坝根处于淤积区,一般亦可不采取护根护坡的措施。丁坝群中的第一座丁坝,首当水流冲击,受力较大,其护根护坡的要求较同组坝中其余丁坝要高些。

7.3 路基沉陷处治施工要点

7.3.1 水泥搅拌桩的施工要点

水泥搅拌桩适用于处理软土或高含水率的软弱土、粉性土、湿陷性黄土。水泥搅拌桩分为喷粉水泥搅拌桩和喷浆水泥搅拌桩两种,干喷法所成的桩简称粉喷桩,湿喷法所成的桩简称浆喷桩。粉喷桩可以最大限度地利用原土,将原土作为桩体材料的一部分。为了提高工效,粉喷钻机下钻时可以提高转速,但是当反转提升喷粉搅拌时切莫快速旋转和提升,否则将会严重影响桩体的均匀性和足够粉量的掺入。

1)施工前的准备工作

(1)施工前应做好“三通一平”工作。

(2)进行水泥土配合比试验,以确定固化剂和外掺剂的数量。

(3)为了掌握能满足设计要求的各种技术参数,必须进行工艺性试桩。

2)粉喷桩的施工工艺

(1)测量放线,按设计图纸确定桩位,并置搅拌机于桩位处。

(2)启动钻机,边旋转边钻进,此时不喷粉,但必须送压缩空气,以防堵管。钻至设计高程后停止钻进。

(3)开始喷粉,并启动钻机钻头呈反时针旋转,边提升边喷粉搅拌(对于掺灰量较大的桩,可以采用二次喷粉方法),当钻头提升至离地面 30～50cm 时,停止喷粉。

(4)进行复搅,复搅深度由试桩确定。

(5)复搅并提升钻头到地面,完成一根桩的施工。

(6)移动钻机,进行下一根的施工。

3)浆喷桩的施工工艺

浆喷桩与粉喷桩的施工工艺基本相同,只是浆喷桩需制备水泥浆液,水灰比可按 0.45～0.50 控制,浆液施工质量控制应符合以下规定:

(1)固化剂浆液应严格按预定的配比拌制。制备好的浆液不得离析、不得停滞过长(时间不超过 2h);浆液倒入料斗时应加筛过滤,以免浆内结块,损坏泵体。

(2)泵送浆液前,管路应保持潮湿,以利输浆。现场拌制浆液,应有专人记录固化剂、外掺剂用量,并记录泵送浆开始、结束时间。

(3)根据成桩试验确定的技术参数进行施工。操作人员应记录每米下沉时间、提升时间,记录送浆时间、停浆时间等有关参数的变化。

(4)供浆必须连续,拌和必须均匀。

7.3.2　挤密桩施工要点

土(灰土)挤密桩是用素土或石灰和土根据工程需要按一定比例拌和,经机械夯实形成的一种复合地基。灰土挤密桩适合处理地下水位以上的湿陷性黄土、素填土和杂填土。处理深度为5～15m。

(1)成孔挤密:沉管法成孔或冲击法成孔,使土向孔的周围挤密。

(2)桩孔回填夯实:用夯实机往返循环,夯实填料。

(3)向孔内填料时,孔底必须夯实,夯击次数一般不少于8次,然后用素土或灰土在最佳含水率下分层回填夯实。

(4)孔内有杂物和积水应清除干净。雨季或冬季施工应采取防雨、防冻措施。

(5)成孔和回填的施工顺序应先外后里,同排内应间隔1～2孔进行。

7.4　工程检查与验收

为确保灾害整治工程质量,应严格工程检查与验收。工程检查分为日常作业检查、中间检查和竣工验收检查。检查与验收应符合下列要求。

(1)日常作业检查:由施工单位的现场技术负责人对施工作业班组的每个施工环节、每道工序、工程位置及各部尺寸、所用材料、操作程序、安全质量等通过班组自检后进行检查,填写原始记录,并经工地监理工程师查验核实、签证。

(2)中间检查:省公路局负责组织全省灾害防治工程的检查。工程检查的内容包括:施工组织及设备的适应程度和合理与否;工程进度和质量情况;材料计量和规格质量是否符合要求;技术安全措施是否得当;技术操作是否符合规程;隐蔽工程质量控制及各项原始记录,以及岗位责任及存在问题。

(3)竣工验收检查:当工程已按施工合同及设计文件的要求建成,并已按规定编制完成工程竣工文件,由施工单位提出验收申请,经建设单位核实确已具备验收条件时,可报请主管部门组织验收。

(4)灾害防治工程竣工验收是对整个工程项目的安全可靠性进行验收,包括勘察设计的合理性和施工质量。竣工验收应在经过两个雨季考验之后进行。

(5)灾害防治工程竣工验收参照《公路工程竣工验收办法》、《公路工程质量检验评定标准》(JTG F80/1—2004)和《公路路基施工技术规范》(JTG F10—2006)、《公路桥涵施工技术规范》(JTJ 041—2000)中检验标准进行。

(6)验收领导小组应对整个工程质量作出恰当的评价,按优良、合格、不合格评定工程质量等级。

8 公路灾害监测和治理效果评价

8.1 灾害监测

8.1.1 一般要求

(1)崩塌、滑坡、泥石流、路基沉陷与塌陷、暴雨洪水灾害对公路危害严重,经常造成巨大损失,需要加强灾害监测工作。

(2)灾害防治工程的勘查期间,对有明显变形迹象的和稳定性差的病害体或构造物均应进行监测。

(3)监测项目、内容和方法应遵循合理有效、经济方便的原则,对没有变形破坏迹象或规模较小的灾害治理工程,注意日常巡查的方法即可;对灾害威胁严重、规模较大的路段,应加强巡查的频率或定点监测的力度,针对监测信息,及时提出治理建议,做到早发现、早治理。

8.1.2 监测目的

灾害监测可分为灾前监测、灾中监测和灾后监测三阶段,而每个阶段都有各自的监测目的和手段。

灾前监测主要目的是利用一些现代科技手段及时捕捉灾害前的征兆信息,通过科学分析对灾害进行预测预报,尽量减少灾害损失。

灾中监测主要是抢险救灾及施工安全监测,在整治工程施工期间的监测结果应作为判断防治构造物稳定状态、指导施工、反馈设计和防治效果检验的重要依据;灾中监测数据的采集可根据灾害类型和阶段的不同,采用及时或定时监测的方法,并及时分析监测资料,适时调整抢险救灾方案和灾害整治工程施工方案,保证救灾工作有效实施和灾害整治工程施工的安全可靠。

灾后监测主要是防治效果监测,应结合施工安全和营运期监测进行。防治效果监测主要目的是检验灾害整治的效果,并及时反馈给公路管理部门并为作出相关决策提供依据。效果监测时间应在整治工程完工后不少于一年时间,建议监测数据采集时间间隔为7～15d,在外界扰动较大时,应适当增加观测次数。

8.1.3 监测项目和内容

对各公路灾害防治工程点应进行人工巡视检查,由经验丰富的技术人员现场对地表裂缝、塌陷等各种迹象进行巡视检查和记录(文字、声像资料等)。应根据被监测工程的重要性和灾害的危害程度,选择监测项目和方法。对于危害严重的崩滑体,为确保监测工作的质量,应投入高、精、尖的监测方法(如全自动遥测等)和多种监测方法,以相互验证、补充、分析和评价。

1)边坡灾害监测

崩塌、滑坡、坍塌灾害监测具有相似的特点，监测项目如表 8.1.3-1 所示。

地表裂缝位移监测目的是掌握地表位移和裂缝发展情况。地下位移监测主要用于较大的边坡治理工程，探测相对于稳定地层的地下岩体位移，了解正在发生位移的构造特征，确定潜在滑动面深度，判断主滑方向，定量分析评价边（滑）坡的稳定状况，评判边（滑）坡加固工程效果。

当边坡稳定性受地表水及地下水影响时，可监测其变化，勘探阶段可辅助了解滑动面位置，施工后用以观测地下排水系统效果。

滑坡监测时监测点应布置在滑坡体稳定性差或工程扰动大的部位，力求形成完整的剖面，采用多种手段进行验证和补充。

边坡灾害监测项目　　表 8.1.3-1

序号	监 测 项 目	监 测 内 容	监测方法（仪器）
1	裂缝	地表裂缝建筑物裂缝	监测桩法、垂球法、滑坡自动记录仪
2	位移	地表位移	地面倾斜仪、观测网法、光电测距仪、激光经纬仪
		地下位移	塑料管—钢棒观测法、变形井监测、应变管监测、固定式钻孔倾斜仪监测、活动式倾斜仪监测、拉线式地下位移监测
3	滑动面	滑动面位置测定	TDR 技术探测滑坡的滑动面
4	地表水	河、湖、水库水位，湿地	高程测量，目测判断
5	地下水	钻孔、井水观测，泉水，孔隙水压力	水位观测（测绳，测水钟，自动观测法），流量观测（小的用杯与秒表，大的用三角堰）水温观测（温度计）
6	降水量	降雨量、降雨强度，气温	利用气象站的气象与降雨等资料
7	应力	滑带应力，建筑物受力	埋设探头
8	宏观标志	地表建筑物裂缝、树木、泉水等的变化，局部失稳	巡查

对于抗滑桩、预应力锚索等结构，还应观测其受力和变形情况，分析工程安全和治理工程效果。监测内容与项目，见表 8.1.3-2。

支挡加固结构原位监测内容和项目　表 8.1.3-2

结　构	监测内容		监测项目
支挡结构	变形、应力	支挡构造物岩土体的变形观测，支挡构造物与岩土体间接触压力观测	结构受压、结构变形。用测斜仪、压力盒、分层沉降仪、钢筋应力计
锚杆体	张拉力、变形	锚杆的工作状态	锚杆张拉力、锚杆伸长值、预应力损失、预应力值变化

2)泥石流监测

泥石流的触发条件主要是降雨量及雨量的强度，且与地方小气候的关系很大，因此不同地区的触发临界雨量也不同。所以，泥石流的监测系统既应该有区域降雨监测(类似山洪)，也应该建立局部重点区、沟谷的降雨监测点，以及形成区域滑坡的位移监测点。

3)路基沉陷监测

路基沉陷引发的因素很多，主要监测路基顶面沉降量，如表 8.1.3-3 所示。

路 基 沉 陷 监 测　表 8.1.3-3

观测项目	仪器名称	观测目的
路基顶沉降量	地表型沉降仪(沉降板或桩)，水准测量	用于沉降监控

4)沿河公路水毁监测

在汛期应进行必要的水文观测，掌握洪水的动态；并与当地气象、水文部门取得密切联系，及时收集洪水、降雨的预报资料。观测内容主要是水位变化、流速、流向观测以及承灾体的变化情况，并进行相应的记录(文字、声像资料等)。

沿河公路受洪水顶冲部位和沿凹岸一侧，应做洪水水位、顶冲角(或洪水流向)、流速的观测，并记录洪水前后路基的变化情况。

导流堤、丁坝和护岸等调治构造物应观察洪水时的工作情况，重要地段的调治构造物应观测最高洪水位及洪水前后基础河床的冲刷深度。洪水灾害监测相关内容见表 8.1.3-4。

洪 水 灾 害 监 测　表 8.1.3-4

监测内容	监测方法	监测目的
水位观测	水位标尺、水准仪	观测调治构造物的水位变化
观测流速	流速仪	观测水流速度的大小
测水流方向	浮标经纬仪	河床不稳定或平曲线处应进行水流流向观测，并观测不同水位时流向的变化
河床横断面冲刷深度	经纬仪皮尺，塔尺	观测河床横断面和局部冲刷深度的变化

8.1.4　监测频次及精度

监测的主要目的是跟踪灾害的发展动态，实现对灾害的预测。因此，监测频次可根据灾害体或结构物变形的快慢而定，变形快的一周或半月一次，变形缓慢者可一到两个月一次，很缓慢甚至稳定者可三个月一次。在雨季或有其他不利因素影响时，或发现异常情况，应随时增加监测和巡查频次。

监测精度随监测方法和监测仪器要求不同，具体参考相关测量规范。

8.1.5　监测资料整理分析

(1)每次监测均应有原始记录，并及时进行监测数据的处理和整理。

(2)每次监测后应及时对监测数据进行分析，绘制参数历时曲线，并按要求及时报送相关部门。

(3)各阶段应提交监测分析总结报告。监测报告除分析总结外，还应包括监测点布置图、观测成果表、位移矢量图、各种变化时程曲线、监测仪器检定资料及其他必要的附图和附件。

8.1.6　预警机制的建立和管理

为确保在各类公路灾害事件发生时或发生后及时排除险情，保障公路畅通和行车安全，应当建立灾害应急预案，以预警、预防和快速应急等措施，应对灾害的发生。

公路灾害应急预案指公路交通部门及其他相关部门，面对公路灾害所采取的应急管理、指挥、抢险、救援计划等，是应对公路灾害等突发事件的行动方案、行动指南、行动向导。它是公路交通突发事件应急预案体系的重要组成部分。

在常规路况信息的调查和资料积累的基础上，结合工程监测，建立各类公路灾害档案或数据库，必要时采用自动化观测和计算机处理技术，为公路灾害的预测预警、防治及其应急管理提供全面、准确、可靠的信息资料。

公路灾害的预警和处置，应统一领导、分级负责、职责明确、规范有序、需要有关部门积极配合和共同实施。应急指挥部门应视灾情及时组织有关人员或专家赶赴现场参与处置工作，对预案实施的全过程进行监督检查，及时了解灾害现场的情况，制订抢险的现场方案，确保应急措施落实到位。各级公路管理部门应重视日常巡查、工程监测和相关数据的收集整理，优化配置人力、物力资源，投入到公路灾害的预防工作之中。

8.2　灾害整治工程效果评价

以灾害防治为主构成的灾害防御系统，其基本目的是减轻或避免灾害给自然环境造成的破坏以及对人类生命财产造成的损失，保障和维护人民的正常生产和生活，促使人类劳动财富的增值。

8.2.1　效果评价内容

(1)分析防治工程能否按照设计目标有效地遏制灾害或者保护受灾体。

(2)分析防治工程的可行性和合理性。

(3)分析防治工程的可靠程度，评价其功能或效果。

(4)分析计算防灾减灾效益。

(5)分析治理工程是否与周围的环境相协调，有利于公路交通建设的可持续发展。

8.2.2 效益评价方法

防灾效益评价除了经济效益评价，还应考虑生态效益和社会效益。

1)减灾经济效益评价

减灾效益经济评价方法可采用经济分析法进行，即以经济指标作尺度，通过费用效益分析，对防灾效益进行研究及评价，习惯上也称费用效益分析法。

效益费用比(BCR)用公式表示为：

$$BCR = B/C \tag{8.2.2}$$

式中：B——效益；

C——费用。

效益 B 为通过人力、资金和技术的投入而减少的可能产生的灾害经济损失(经济损失的减少即意味着收益的增加)，如某地以往发生洪水灾害，每次造成的经济损失通常在 5 亿元以上，现在通过投入 1 亿元(C)的人力、资金与技术来兴修水利或加固堤防，虽然水灾仍然发生，但损失却降低到 2 亿元左右。那么，可以认为，1 亿元的投入减少了 3 亿元(B)的灾害损失，从而实质上创造了 2 亿元的效益，效益费用比为 3。

若灾害已经发生，对于灾害造成的直接经济损失和间接经济损失，可采用直接调查统计法或专家评估法评价，直接统计调查时可按各破坏工程类型修复成本核算。

若灾害尚未发生，则在假定灾害发生的情况下，计算或预测灾害的预期损失。

减灾费用 C 是整个治理方案中的各项预计费用之和，包括工程措施费用和非工程措施的费用。对已发灾害主要采用修复成本法。但当采用新技术、新型号或新设计、新材料等进行更新，从而扩大了原有功能和价值。其所花全部成本不能完全视为损失值，需扣除超过原功能或原价值所花的那部分成本后，才可视为损失值。

公路自然灾害防治工程的减灾经济效益分级及评价标准，按效益费用比的大小，设定如表 8.2.2 所示。

减灾经济效益评价标准 表 8.2.2

防灾经济效益分级	0 级	1 级	2 级	3 级	4 级	5 级
效益费用比(BCR)	<1	1～1.5	1.5～3	3～5	5～10	>10
防灾经济效益评价	负效益	较少效益	中等效益	较大效益	很大效益	巨大效益

2)社会效益及人员伤亡损失评价

灾害防治工程产生的社会效益，一般只进行宏观定性描述。可从减少阻车时间、公众反响、减少行车事故等方面说明。

公路崩、滑、泥、洪水等灾害可能危及过往车辆、行人，对人员伤亡的评价有两种不同的观点：一种认为只需统计伤亡人数而不折算币值，即不进行经济评价；另一种观点认为，只要在人员伤亡方面发生了费用支出，从经济学观点来说就是经济现象、经济活动，客观上就存在着经济评价问题，何况每次重大灾害导致的人员伤亡，使花费在这方面的费用占了相当大的比例。

人员伤亡损失的经济评价可按照实际开支统计，财务会计单列账户，实报实销。在灾害中，凡是关系到死亡人员、重伤人员及轻伤人员的一切开支统统单列进行统计，其总数就是人员伤亡的实际经济损失值。在初步评价时,可用这方面的预算开支计划参加评价;在详细评价时,用实际统计数评价。

3)环境效益评价

公路灾害防治工程对环境的影响越来越受到重视。公路自然灾害对环境的影响可从破坏植被面积、增加水土流失面积、破坏人居环境等方面评价。相应的,环境效益也可从恢复植被、减少水土流失、美化环境等方面定量或定性评价。

9 灾害防治工程后期养护及灾害管理

9.1 后期养护

为了加强公路灾害整治工程养护的技术与管理工作，提高公路养护技术和服务水平，最大限度地发挥公路的功能，提出防治工程养护技术要求，供工程技术人员参考。

公路养护工作必须贯彻“预防为主，防治结合”的方针。根据收集的技术、经济资料，结合当地具体情况，通过科学分析，减少导致公路损坏的因素，增强公路设施的耐久性和抗灾能力，特别要加强汛期的养护管理工作，预防灾害发生，减少灾害损失。

养护工作要因地制宜，就地取材，尽量选用当地材料；充分利用原有工程材料和原有工程措施，以降低养护成本。

充分利用已有的成熟可靠、简单实用、经济有效的养护技术和管理方法，并大力推广应用先进的养护新技术、新材料以及科学的管理方法，改善养护生产手段，提高养护管理水平。

9.1.1 路基、边坡养护

具体养护方法可参照《公路养护技术规范》(JTJ 073—96)执行，应特别注意以下几方面工作：

(1)日常巡查注意路基是否有沉陷、纵横向裂缝、排水不畅等现象，及时处理灾害隐患，避免进一步发展。若发生严重路基沉陷，则分析原因并选择沉陷治理方法进行处理。

(2)对加固后的边坡，应加强日常巡逻和定期检查。发现损坏，查明原因，采取有效措施进行修复或加固，消除灾害根源。

(3)对于岩石边坡，应经常注意坡面岩石风化发展情况，以及边坡上危岩的发展情况，发现问题及时采取适当措施处理。

(4)对于土质边坡，注意观察是否出现路基缺口、冲沟、沉陷、塌落、浸水或局部淹没等现象，对出现问题采取相应措施。

(5)各类挡土墙应保持完整无损，砌体伸缩缝填料良好，泄水孔无堵塞现象。

每年应在春秋两季各进行一次定期检查，主要检查在冻融后或汛期结束后，结构物的结构及基础的变化情况。

在反常气候、地震等特殊情况后，应进行及时检查，发现裂缝、断裂、倾斜、鼓肚、滑动、下沉、周边积水、地基错台和空隙等情况，应查明原因并采取相应的修复或加固措施。

挡土墙加固处理措施有：锚固法、套墙加固法、增建支撑墙加固法等。

(6)对于锚固结构，应检查锚索、锚杆的应力状况，锚头是否有松动等现象，若有，应及时处理。

9.1.2 滑坡防治工程的养护

1)填平坑洼、夯实裂缝

滑坡体坡面产生坑洼和裂缝，往往是滑坡的先兆，也是导致严重滑动的主要原因。因此，仔细地查找，认真地夯填，是一件十分有意义的工作。滑坡的发生，一般首先出现裂缝，大气降雨、地表径流就会沿裂缝渗入土层，使土的黏着力和抗剪强度降低，造成山体滑动。

山体发生裂缝的原因很多，由于人工边坡开挖，山体失去稳定，也可能因温度的急剧变化而发生裂缝。如黏土和砂黏土的表面没有任何覆盖层时，在干燥季节太阳光使土表面晒干时，最容易出现很多不规则的裂缝(龟裂)，亦称收缩裂缝。在严寒地区，当土中的水分结冰时，土的体积增大，发生冻胀，同时由于土的不均匀冻胀而出现垂直和水平裂缝。这些裂缝有时宽10～20cm，应在春融以前用当地黏性土将其填紧夯实。

山体裂缝表示路基的稳定系数下降，K 值接近于1，但就路基整体来说还大于1。在这种情况下，路基的个别部分将开始发生局部移动，出现局部裂缝、局部脱离、局部凸起等现象。在滑坡体内的裂缝，长度较短，上口张开。滑动体越薄，土体的振动越繁裂缝越深。有时土体中含水率大，处于塑性状态时，也可能在滑动时不发生很多或很宽的裂缝。所以不能认为没有裂缝就绝对不会发生滑坡。

发现坡面有坑洼、塌陷、裂缝时，应立即进行处理。要夯实整平坡面，减少坑洼，夯填裂缝，防止积水，尽量减少表水入渗。对于裂缝，应沿裂缝挖至尖灭为止，若裂缝太深，至少需挖深1m，挖至一定宽度，裂缝两侧的扰动土也要挖掉，再用当地有适当含水率的黏性土分层填塞夯实。在夏季或气候干燥的时候，如有必要在分层填塞时要随时洒水。填塞山坡裂缝切忌采用砂或透水性强的土。

必须注意，夯实裂缝时，顶部要夯成鱼背形，可以防止地表水在已夯实的裂缝处滞留而渗入。夯实裂缝后要不断进行观测，尤其是雨后几天内及每年的雨季前后都要细致检查。有裂缝出现要立即夯实。

滑坡体内外的坑洼，为地表水的渗透提供了很好条件。因此，在滑坡区应该采取削高补低、填平坑洼，排除积水。

滑坡体外的地面也应整平，清除坡面坑洼积水，堵塞滑坡体附近的缝隙洞穴。在山坡上湿地、泉眼等处修筑明沟及引水疏干工程。

2)地表排水设施的养护

山区公路路基的地表排水设施有截水沟、排水沟、急流槽、边沟等。它们都应该以最大效率来拦截、疏导、排引路堑边坡地表径流，防止边坡遭受冲刷，减少地表水下渗，以保证路基边坡的稳定性。为此，在路基的日常养护维修中，对截水沟、排水沟、边沟、急流槽应做到无淤积、无漏水、无冲刷，沟涵相连，排水畅通。滑坡上的排水设施容易变形堵塞，更应做到有水必流，涓滴不漏。在不稳定的滑坡面上修筑临时性排水设施，一般可用木板、塑料软板、沥青砖和混凝土板等作柔性铺砌，砂胶沥青勾缝，以防渗漏。

路基养护人员要经常(特别是雨前、雨中、雨后)检查排水设备的状态，尤其是要检查进出水口及沟边、沟底的完好状况。观察沟底有无裂缝，防止由于沟底与坡面之间淘空、冲刷而导致排水沟与边坡脱离而破坏。一般说来，排水沟裂缝常在沟底两侧出现，发现裂缝后要马上采取措施处理。如果是由于山坡土体滑动，裂缝切断截水沟时，要立即将截水沟改在裂缝的上侧，并将原有被切断的截水沟堵实夯紧。否则会加速土体的滑动，造成不良后果。

截水沟、急流槽应经常保持清洁，拔除杂草，清除淤积，勾补裂缝，沟底纵坡平顺，排水畅通。路基养护工作者应该十分重视截水沟、排水沟的检查和维修。经验证明,雨季前后的仔细整修滑坡区的截水沟、排水沟及冬季在严寒地区从截水沟、排水沟的出口向上游除雪,都是保证截水沟发挥最大作用的有效措施。

3)地下排水设施的养护

在滑坡区内设地下排水设施的目的是降低和疏导地下水,使土体相对干燥。滑坡区设置的地下排水设施有敞开式渗沟、掩盖式渗沟等(边坡渗沟、支撑渗沟、纵横暗沟、渗井、渗管、平孔排水等)。对这些渗沟、暗沟、渗管等都应做到定期检查。雨季前后必须观察和测量流量,作出记录,分析其流量变化规律,检查排水效果。若发现这些设施有变形堵塞现象,应立即采取措施,进行整修。

路基边坡的渗沟水流,通常只在雨季和春融时出现,有时流水甚少,以致只能看出渗沟的出口附近土壤湿润。经验证明,路基边坡渗沟防止表层滑动的效果很显著。

4)滑坡区防护和加固设施的养护

滑坡区中的圬工建筑物,一般都是保证滑坡稳定的必要设施,不容许有任何变形损坏。

滑坡区的路基防护和加固建筑物,一般有抗滑挡墙、抗滑干砌片石垛、抗滑桩、锚杆挡墙、锚索地梁等。在路基日常养护维修工作中,应定时作细致的检查和记录,如有损坏应立即采取修补加固措施,应注意:

(1)圬工建筑物是否完整无损,如有开裂、推移、折损,需要及时分析原因,立即采取加固措施。在路基日常维修中,修补防护加固设施时,还应清除坡面及泄水孔内的杂草及堵塞物;勾补脱落损坏的勾缝。

(2)滑坡区路基边坡遭受破坏时,应当及时采取措施,作加固防护,并经常保持边坡平整。对坡面裂纹、坑穴、拉沟应填平夯实,防止渗水、积水和水土流失。

(3)在滑坡区修建的一切支挡防护措施,应当注意基础的稳定。当发现抗滑挡墙推移,墙基冲刷等问题时,应及时采取措施。滑坡区抗滑挡墙的泄水孔或泄水窗,可采用较密的排列,才能充分发挥排水效果。挡土墙顶要封闭,以防地表水渗入墙后。

(4)对砌筑的各种河岸防护及调治设施,如各种护岸、丁坝、顺坝、沉排、导流堤等,一旦破损裂缝或局部破坏,将在水流的冲击下,迅速扩大而破坏。所以,对各种沿河防护均应在洪水时期加强观察,必要时立即进行抢修或加固,在水位下降之后,再进行检查。

9.1.3 暴雨洪水灾害治理工程养护

每年汛期前应对所辖路段进行一次预防水毁的技术检查,其内容如下:

(1)边沟、盲沟、跌水等排水系统有无淤塞,路肩上的堆积物是否阻碍排水。

(2)调治构造物、挡土墙、护坡、涵洞基础是否有冲空或损坏。

(3)沿河路段的河床冲刷情况及路基急流冲击处有无淘空或下沉。

(4)浸水路堤或陡边坡路段的路基有无松裂。

(5)临近河流的房屋基础有无淘空;墙体有无破裂倾斜、剥落。

查出的水毁隐患,应在雨季、汛期之前处治完毕。

为防止或减轻雨水和洪水对公路的危害,在雨季和洪水来临之前应进行下列水毁预防工作:

(1)清疏各种排水系统。

(2)修理、加固和改善各类构造物。

(3)采取适当措施,防止漂浮物大量急剧下冲。

(4)检修水泵等防洪设备。

在汛期应进行必要的水文观测,掌握洪水动态;并与当地气象、水文部门取得密切联系,及时收集水、雨情况预报资料;或向沿河居民调查,预先了解洪水的强度、到达时间和变化情况,以判断对公路的危害性。同时应注意积累和保存观测资料,作为今后制订公路路基改善和加固措施的依据。

暴雨洪水减退后,应立即组织人力对设施进行全面检查,及时加固维修,以有效地防止暴雨洪水的再次袭击。

9.2 公路灾害管理

灾害管理的基本目的是建立适合我省灾情的灾害管理体制,运用法律、行政、经济、技术等手段,实现减灾社会化、科学化、信息化,最大限度地减轻灾害损失,促进社会经济可持续发展。

9.2.1 灾害管理的基本原则

(1)必须加强技术管理,严格贯彻国家有关公路建设、养护的技术政策、标准、规范、办法和相应的操作规程,以提高公路养护质量。

(2)技术管理中应健全制度,依靠科学养护,实行规范化管理,逐步推广应用评价管理手段,巩固、改善和提高现有公路的技术状况与服务水平。

(3)推进灾害管理信息化、科学化、现代化、规范化、法制化。

9.2.2 管理的主要内容

灾害管理是对灾害防治全过程的管理和控制。公路灾害管理的实质是工程风险管理,包括风险识别、评价和预测、对策选择与实施、后评估等内容。具体管理过程可参照图 9.2.2 中所示的工作流程。

灾害管理工作涉及大量信息资料,应建立相应的信息档案和信息分析处理系统,及时为领导部门的决策提供依据,为公路建设和养护管理提供优质服务,对提高减灾防灾效益和社会效益,具有重要意义。

9.2.3 管理手段

公路灾害管理的主要手段有经济手段、行政手段、法律手段和技术手段等四种。这几种管理手段的方式虽然不同,但在公路灾害管理中都起重要作用,往往需要将这些手段综合运用,才能达到最佳的效果。

1)经济手段

灾害管理的经济手段主要指是多方筹措灾害防治资金,并合理安排这些资金到灾害防治工作中的各个环节。根据公路灾害的严重程度和资金投入的实际情况,确定治理工程的先后次序。同时,争取政府和社会各界力量对灾害防治工作的支持和广泛参与,充分利用各种社会

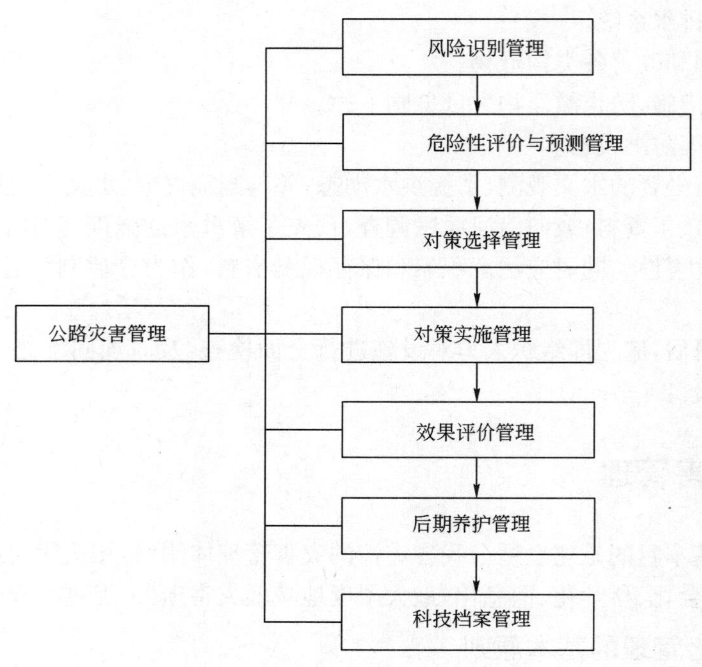

图 9.2.2 公路灾害管理基本流程

资源，促进公路灾害防治工作的开展。

2)行政手段

公路灾害管理的行政手段主要是各级公路管理部门在灾害管理中行使领导组织职能，主要内容包括：

(1)建立灾害管理机构，指挥协调抗灾、救灾和灾后重建，最大限度地减轻灾害损失。

(2)组织实施路基灾害的监测、预测和灾情评估工作。

(3)制订和实施减灾规划、灾害应急预案。

(4)进行减灾宣传教育，宣传减灾知识，推广减灾技术，使基层人员加强减灾意识，提高技术水平。

3)法律手段

利用相关法律、法规对灾害整治工程进行管理。指导和规范人们的活动，以一定的强制手段约束人们的行为，保证整治工程的质量和安全运营。

4)技术手段

公路灾害整治工程的技术手段就是制订、完善与各项减灾措施相适应的技术标准、规范和章程，并在整治工程中贯彻执行。

附 录

附录A 丁坝冲刷计算

A.1 不漫水丁坝冲刷计算

A.1.1 丁坝冲刷机理

河道中水流绕过丁坝，因壁面边界层分离形成一个间断面，把水流分成被束窄的主流区(A)、下游回流区(B)和上游滞流区(C)，如图 A.1.1-1 所示。被束窄的主流导致上游壅水和河道的一般冲刷。急速绕过丁坝的水流，在丁坝上游边缘与壁面边界层分离，形成强烈的竖轴漩涡体系，并不断地向下游扩散，形成回流区。漩涡中心形成负压，吸起床面泥沙，卷向下游回流区沉积下来，形成丁坝冲刷和回流区淤积，如图 A.1.1-2 所示。

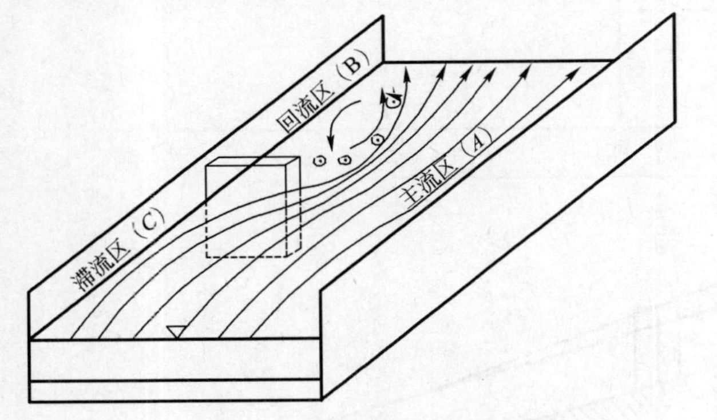

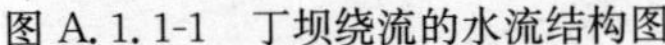
图 A.1.1-1 丁坝绕流的水流结构图

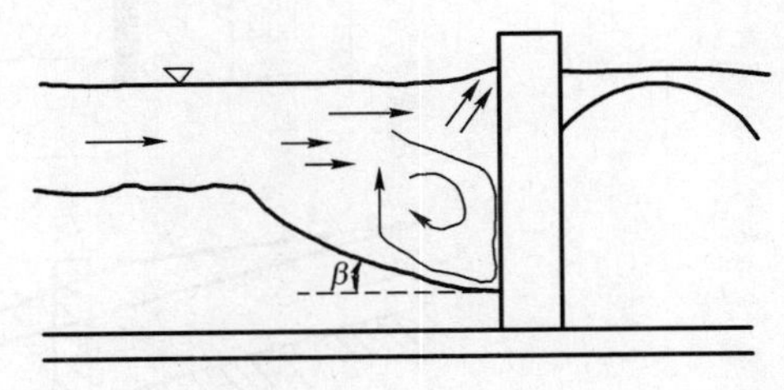

图 A.1.1-2 丁坝附近床面冲刷

A.1.2 丁坝冲刷深度计算公式

$$h_s = 1.95 F_r^{0.20} A_Z^{0.50} C_\alpha C_m \tag{A.1.1}$$

式中：h_s——丁坝头附近最大冲刷深度(m)，自平均床面高程算起，包括一般冲刷和局部冲刷；

F_r——行近水流弗汝德数，$F_r = \dfrac{v^2}{gh}$；

A_Z——丁坝阻水面积(m²)，以垂直于流向的投影面积计，对于宽浅断面 $A_Z = L_D h$，L_D 为丁坝长度(以垂直流向投影长度计，m)；

h——行近水流平均水深(m)；

C_α——挑角系数，$C_\alpha = \left(\dfrac{\alpha}{90°}\right)^{0.15}$；

α——水流与坝轴(或坝轴与下游岸)的夹角(°)；

C_m ——边坡减冲系数，$C_m = e^{-0.07}m$（m 为边坡系数）。

A.1.3 丁坝的回流区长度计算公式

由于回流区的流速比主流区小得多，水流挟带的泥沙能够在回流区沉积下来，因此丁坝对河岸的保护作用，主要依靠坝后回流区的减速和淤沙。而丁坝下游回流区的长度是决定丁坝下游防护范围的主要依据。

主流与回流之间，通过交界面不断地进行着水质点的混掺和动量交换，图 A.1.3-1 为主流和回流分界的分析图。根据理论分析和试验研究，丁坝下游的回流长度 L_H 可按下式计算：

$$L_H = \frac{c_0^2 h L_D}{L_D + 0.05 C_0^2 h}\left(\ln\frac{B}{B - L_D} + 0.58\right)$$

$$C_0 = \frac{C}{\sqrt{g}}, C = \frac{1}{n}R^{1/6} \approx \frac{1}{n}h^{1/6}, C_0 = \frac{C}{\sqrt{g}} = \frac{h^{1/6}}{n\sqrt{g}} \quad (A.1.3\text{-}1)$$

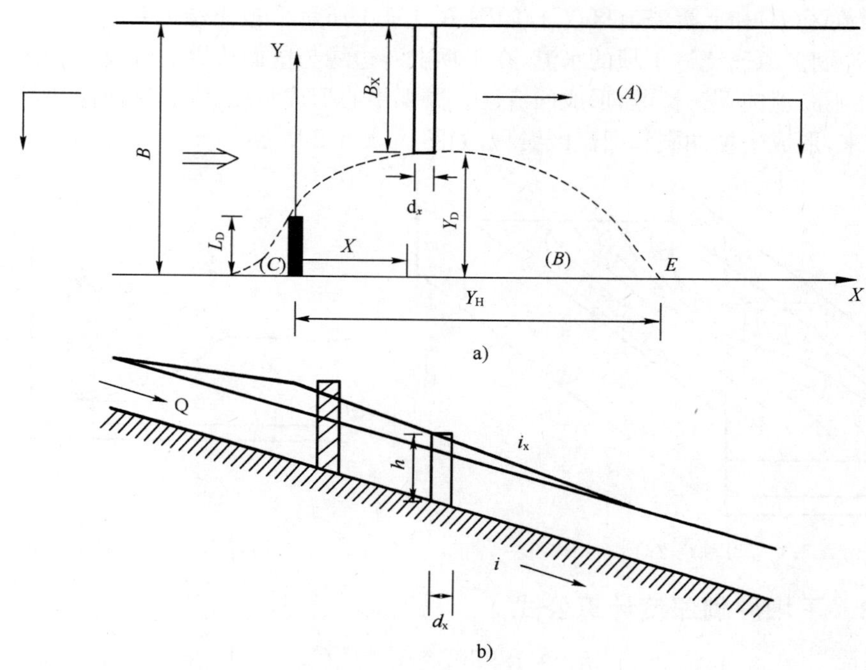

图 A.1.3-1　主流和回流分界的分析图

式中：L_H ——丁坝下游沿河岸回流区长度(m)；

L_D ——丁坝阻水长度(m)，以垂直流向的投影长度计；

B ——河床水面宽度(m)；

h ——平均水深(m)；

C_0 ——无量纲谢才系数。g 为重力加速度，$g = 9.81\text{m/s}^2$；

n ——粗糙系数。

回流区边界方程：

$$B_x = (B - L_D)e^{f(x)} \quad (A.1.3\text{-}2)$$

$$f(x)=\frac{0.05}{L_{\mathrm{D}}L_{\mathrm{H}}^{1.25}}x^{2.25}+\frac{0.58}{L_{\mathrm{H}}^{2}}x^{2}-\frac{1.16C_{0}^{2}h-L_{\mathrm{H}}}{C_{0}^{2}hL_{\mathrm{H}}} \tag{A.1.3-3}$$

式中：B_{x}——丁坝轴下游距离为 x 处的主流宽度(m)，回流宽度为 B-B_{x}。

根据试验观测的回流边界位置，用图解分析法建立了丁坝回流长度、宽度的经验公式(蒋焕章，1993 年)，图 A.1.3-2 为单坝回流区边界计算图式。

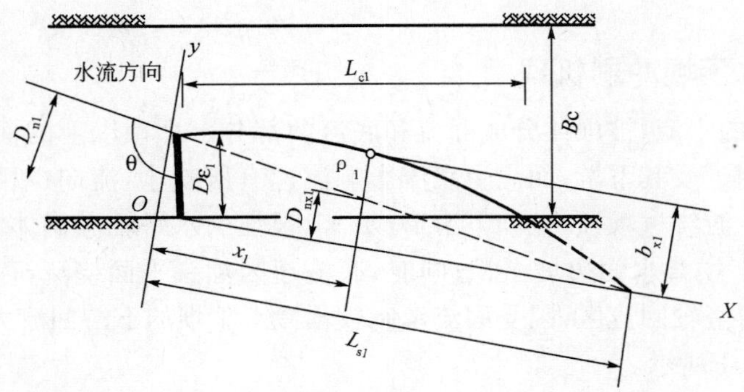

图 A.1.3-2　单坝回流区边界计算图式

丁坝回流区长度：

当 $(B_{\mathrm{c}}-D_{\varepsilon1})/h_{\mathrm{c}}<70$ 时

$$\frac{L_{\mathrm{s1}}}{D_{\mathrm{n1}}}=K_{1}\left(5.7C_{0}^{0.3}-0.09\,\frac{B_{\mathrm{c}}-D_{\varepsilon1}}{h_{\mathrm{c}}}\right) \tag{A.1.3-4}$$

当 $(B_{\mathrm{c}}-D_{\varepsilon1})/h_{\mathrm{c}}\geqslant70$ 时

$$\frac{L_{\mathrm{s1}}}{D_{\mathrm{n1}}}=K_{1}(5.7C_{0}^{0.3}-6.3) \tag{A.1.3-5}$$

式中：B_{c}、h_{c}——计算水位下的河槽宽度和河槽平均水深(m)；

$D_{\varepsilon1}$——丁坝长度 D 对河槽宽度 B_{c} 的压缩宽度(m)；

L_{s1}——通过坝根和坝头设立的(x,y)直角坐标系，在与水流方向平行的 x 轴上的回流区长度(m)；

D_{n1}——与水流方向垂直的 y 轴上丁坝投影长度(m)；

L_{s1}——从坝根起算的丁坝防护长度(m)；

K_{1}——系数，$K_{1}=\left(\frac{\alpha}{90}\right)^{0.23}$，$\alpha$ 为丁坝与水流交角；$\alpha\geqslant90°$时，$K_{1}=1$；

C——谢才系数；

C_{0} 意义同前。

丁坝回流区宽度：

$$\frac{b_{\mathrm{x1}}-D_{\mathrm{nx1}}}{D_{\mathrm{n1}}}=K_{2}(5.5-7\varepsilon_{1})\left(1-\frac{x_{1}}{L_{\mathrm{s1}}}\right)\left(\frac{x_{1}}{L_{\mathrm{s1}}}\right)^{0.8} \tag{A.1.3-6}$$

式中：x_{1}——回流边界线上任一点 ρ_{1} 与计算原点 O 间的坐标横距(m)；

b_{x1}——ρ_{1} 点的回流区宽度(m)；

D_{nx1}——计算长度，$D_{\mathrm{nx1}}=\left(1-\frac{x_{1}}{L_{\mathrm{s1}}}\right)D_{\mathrm{n1}}$；

K_2 ——相同压缩比 ε_1 的情况下，随丁坝与水流交角 α 不同，按下式计算：

$$K_2 = \left(\frac{\alpha}{90}\right)^{0.35}\left(2-\frac{\alpha}{90}\right)^{0.05} \tag{A. 1. 3-7}$$

A. 2　漫水丁坝冲刷计算

A. 2. 1　漫水丁坝冲刷机理

流经漫水丁坝的水流，被坝体分成面流和底流两部分。坝顶以上的面流基本保持原水流方向不变，在坝体附近及其下游，面流受底流影响流速有所减小，流向也稍向坝头偏转。而坝顶以下的底流，从上游绕过坝顶，在坝下游形成一个很强的水平轴漩涡体系，将坝下游回流区泥沙卷向上游，使丁坝背水面边坡淤积；同时，底流还因坝头平面绕流，存在一个竖轴绕流漩涡，形成底流的下游竖轴回流区，因受面流牵制较不漫水丁坝的下游回流大为削弱。漫水丁坝水流结构如图 A. 2. 1 所示。

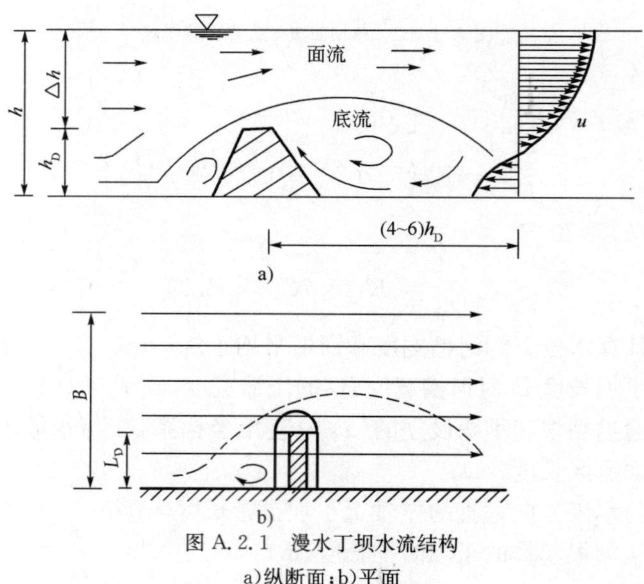

图 A. 2. 1　漫水丁坝水流结构

a)纵断面；b)平面

A. 2. 2　漫水丁坝冲刷深度计算公式

漫水丁坝的冲刷是底流坝头绕流所致，随坝顶漫水(淹没)深度的增大而减小。

$$h_s = 1.95 F_r^{0.20} A_z^{0.50} C_\alpha C_m C_{sm} \tag{A. 2. 2-1}$$

式中：C_{sm} ——漫水减冲系数；

式中其他符号意义同前。

对于直河岸(顺直河段)丁坝：

$$C_{sm} = 1-\left(\frac{\Delta h}{h}\right)^{0.5} \tag{A. 2. 2-2}$$

对于凹岸(弯道河段)丁坝：

$$C_{sm}=1-0.5\left(\frac{\Delta h}{h}\right)^{0.5} \tag{A.2.2-3}$$

式中：Δh ——淹没深度，即水面到坝顶的深度(m)，$\frac{\Delta h}{h}$ 表示淹没(漫水)程度。

A.3　丁坝群对沿河路基的防护

丁坝群设计中，涉及到的符号规定如下：

L_{Di} ——第 i 号坝的坝长(垂直流向)(m)；

L_{Hi} ——第 i 号坝为单坝时的回流长度(m)；

$\alpha_{i,i+1}$ ——第 i 号丁坝和第 $i+1$ 号丁坝之间的距离(m)；

h_{si} ——第 i 号丁坝为单坝时的坝头冲刷深度(m)；

h'_{si} ——在丁坝群中第 i 号丁坝坝头冲刷深刷深度(m)；

L_{Hsi} ——第 i 号丁坝上游回流长度(m)；

i ——丁坝群中自上游起丁坝的序号，$i=1,2,3,\cdots,n$。

A.3.1　应用丁坝群进行沿河路基防护和河岸防护工程的设计原则和方法

(1)对于山区开阔河段、山前变迁性河段，河道顺直、水流基本平行的情况，丁坝群防护效果显著，最为适宜。对于峡谷性河段，弯道凹岸，首先考虑护坦、潜坝不阻水的防护形式；必要时应用短、低、漫水丁坝群，也可达到很好的防护效果。

(2)建议 1 号坝长为下游各坝长度的一半，即 $L_{D1}=0.5L_{D2}=0.5L_{D3}=\cdots0.5L_{Di}=\cdots=0.5L_{Dn}$ 。2 号坝和下游各坝长度相同。

(3)2 号坝和下游各坝长度，最大不应超过河槽宽度的 15%；用于沿河路基防护的丁坝，对于山区河流，一般坝长不宜超过 10m。

(4)各个丁坝，一般取正挑，即 $\alpha=90°$ 。根据河岸地形条件，为了保证 1 号坝水流平顺地和下游各坝衔接，1 号坝可设为下挑，即 $\alpha<90°$，可取 $\alpha\approx60°$，但应使坝长在垂直水流方向投影 $L_{D1}=0.5L_{D2}$ 。

(5)各坝间的距离，在水流平顺的条件下，可取相等，即偏安全地取各坝间距离为 1 号坝为单坝时，下游回流长度 L_{H1} 的 0.8 倍，$l_{1,2}=l_{2,3}=\cdots=l_{n-1,n}=0.8L_{H1}$ 。

(6)1 号坝头的冲刷深度 h'_{s1} 等于其单坝时冲刷深度的 0.82 倍，即 $h'_{s1}=0.82h_{s1}$ 。

(7)2 号坝头的冲刷深度 h'_{s2} 取其单坝冲刷深度的 0.6 倍，即 $h'_{s2}=0.6h_{s2}$ 。

(8)3 号坝及下游各坝的冲刷深度，在 2 号坝及下游各坝长度相同条件下，取 2 号坝为单坝时冲刷深度的 0.4 倍。即：

$$h'_{s3}=h'_{s4}=\cdots=h'_{sn}=0.4h_{s2} \tag{A.3.1}$$

(9)最下游坝的回流长度：

若丁坝群只有两坝组成，且 $L_{D1}=0.5L_{D2}$，则取 $L'_{H2}=0.6L_{H2}$ 。

若丁坝群由 2 个以上的丁坝组成，且 2 号坝及下游各坝长度相等，取 $L'_{Hn}=0.8L_{Hn}$，L_{Hn} 是最下游坝(n 号坝)为单坝时的回水长度。

(10)1 号坝上游回流长度与单坝时无明显变化，一般 $L_{HS}=(1.2\sim1.5)L_D$，近似取

$L_{HS}=1.35L_D$。

A.3.2 直河段丁坝群对沿河路基的防护

根据试验研究(交通部"八五"行业联合科技攻关课题"山区公路路基排水和水毁防治技术",长安大学、陕西省公路局,1995 年),丁坝群的基本尺度在设计中推荐按表 A.3.2 确定。

丁坝群基本尺度(直河段)　　表 A.3.2

丁坝编号(i)	1 号 坝	2 号 坝	3 号 坝	n号坝(最下游)
丁坝长度(L_{Di})	$L_{D1}=0.5L_{D2}$	$L_{D2}=2L_{D1}$, $L_{D2}<0.15B$, 山区 $L_{D2}<10$m	$L_{D3}=L_{D2}$	$L_{Dn}=L_{D2}=L_{D3}$ $=\cdots=L_{D(n-1)}$
最大冲刷深(h'_{si})	$h'_{s1}=0.82h_{s1}$	$h'_{s2}=0.6h_{s2}$	$h'_{s3}=0.4h_{s2}$	$h'_{sn}=0.4h_{s2}$
丁坝间距或回流长度	$l_{1,2}=0.8L_{H1}$	$l_{2,3}=l_{1,2}$	$l_{3,4}=l_{1,2}$	$L'_{Hn}=0.8L_{Hn}$
坝轴挑角(α)	90°,或 60°～90°	90°	90°	90°

注:h'_{s1} -丁坝群中 1 号坝头冲刷深度;h_{s1} -1 号坝作为单坝时的冲刷深度;$l_{1,2}$ -1 号坝和 2 号坝的间距;L_{H1} -1 号坝作为单坝时的下游回流长度;L'_{Hn} -最下游坝(n 号坝)的回流长度;L_{Hn} -最下游坝(n 号坝)-单坝时的回流长度;B-河槽宽度;下游各坝符号以此类推。图 A.3.2 为丁坝群防护设计图式。

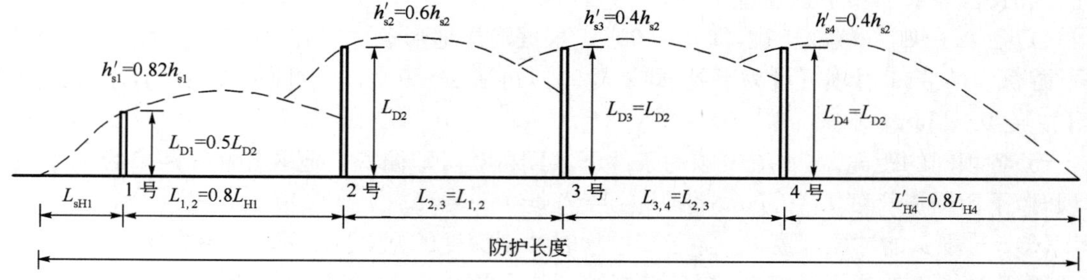

图 A.3.2 丁坝群防护设计图

A.3.3 河湾凹岸丁坝群对路基的防护

1)弯道凹岸不同位置丁坝的冲刷深度

通过对 θ 为 180°弯道(U 形弯道)的凹岸不同位置 θ_i(用进口为起点的圆心角表示,分别为 0°、30°、60°、90°、120°、150°和 180°)设置单个丁坝,分别进行冲刷试验,与相同水力条件下的直槽丁坝冲刷试验对比,探寻凹岸不同位置丁坝冲刷深度的变化规律。试验结果见表 A.3.3。

试验结果表　　　　表 A. 3. 3

丁坝位置(θ_i)	0°	30°	60°	90°	120°	150°	180°
$S_\theta = \frac{h_{sw}}{h_s}$	0.73	0.82	0.95	1.18	1.21	1.15	1.54

注：h_{sw} -弯道凹岸上单个丁坝的冲刷深度，即 $h_{sw} = h_s S_\theta$；h_s -直河段上单个丁坝的冲刷深度。

2)弯道凹岸防护中丁坝群的布设

工程中一般将弯道作为圆曲线来处理，中心线沿圆曲线法线方向(半径方向)的丁坝，根据试验验证，在坝位附近与水流正交，基本服从直河槽中丁坝绕流的规律，如图 A. 3. 3-1 所示凹岸丁坝群的河床变形和回流曲线，现推荐三种布设方法。

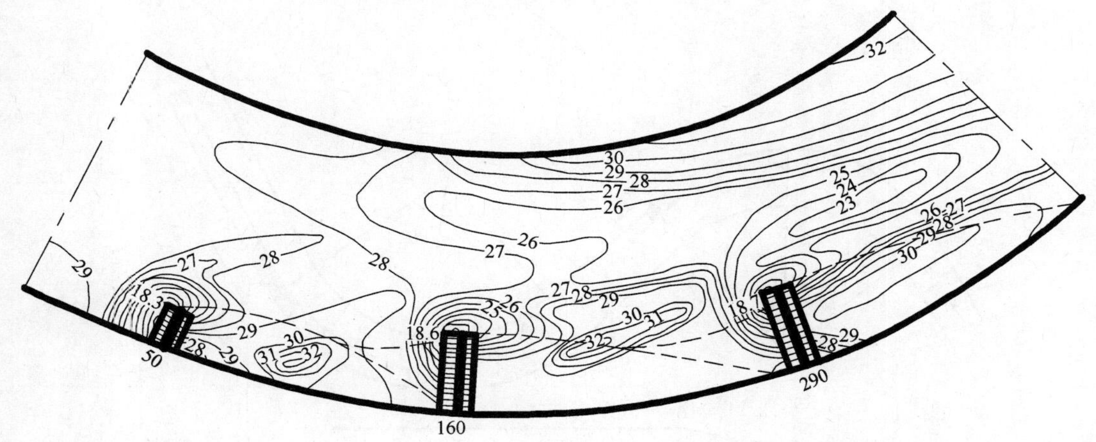

图 A. 3. 3-1　凹岸丁坝群的河床变形和回流曲线

(1)XG 法(交通部“八五”行业联合科技攻关课题“山区公路路基排水和水毁防治技术”，长安大学、陕西省公路局，1995 年)

①根据地形图或现场测量，确定凹岸圆曲线的位置、圆心角 θ 和半径 R_c、$R_{外}$、$R_{内}$。

②弯道凹岸冲刷防护的范围可按图 A. 3. 3-2 所示的方法确定。当弯道圆心角 $\theta \geqslant 60°$时，防护起点在进口断面凸岸切线与凹岸交点 A 处；当 $\theta < 60°$时，防护起点应在 A 点再向上游加一个槽宽 B 即 A_1 点。无论 θ 大于还是小于 60°，弯道出口断面下游直段还必须有(1.5～2.0)B 的防护长度。

S 形弯道主要冲刷范围在下游弯道凹岸和出口断面凹岸一侧，其起点 A_2 点可从下游弯道进口断面凸岸引切线与下游凹岸相交确定。上游弯道防护范围可以取最大冲刷点(大约在出口断面附近)上下游各取一个槽宽 B 的范围来考虑。

U 形弯道凹岸从 80°断面到 135°断面和 170°断面到下游直段(2.0～2.5)B 的范围是主要冲刷防护区。135°至 170°断面之间，洪水主流偏向凸岸，冲刷有所减弱。但考虑到“枯水坐弯”的情况，视情况决定是否防护。

③依据上述方法确定起终点及 1 号坝的位置、长度 L_{D1} 和方向(一般取正挑或下挑)。取 $L_{D1} = 0.5L_{D2} = \cdots\cdots = 0.5L_{Dn}$。$L_{D2}$ 不应大于河槽宽的 15%，一般不大于 10m。

④按附式(A. 1. 3-1)计算 1 号坝在直河段的回流长度 L_{H1}，按表 A. 3. 2 取 $l_{1,2} = l_{2,3} =$

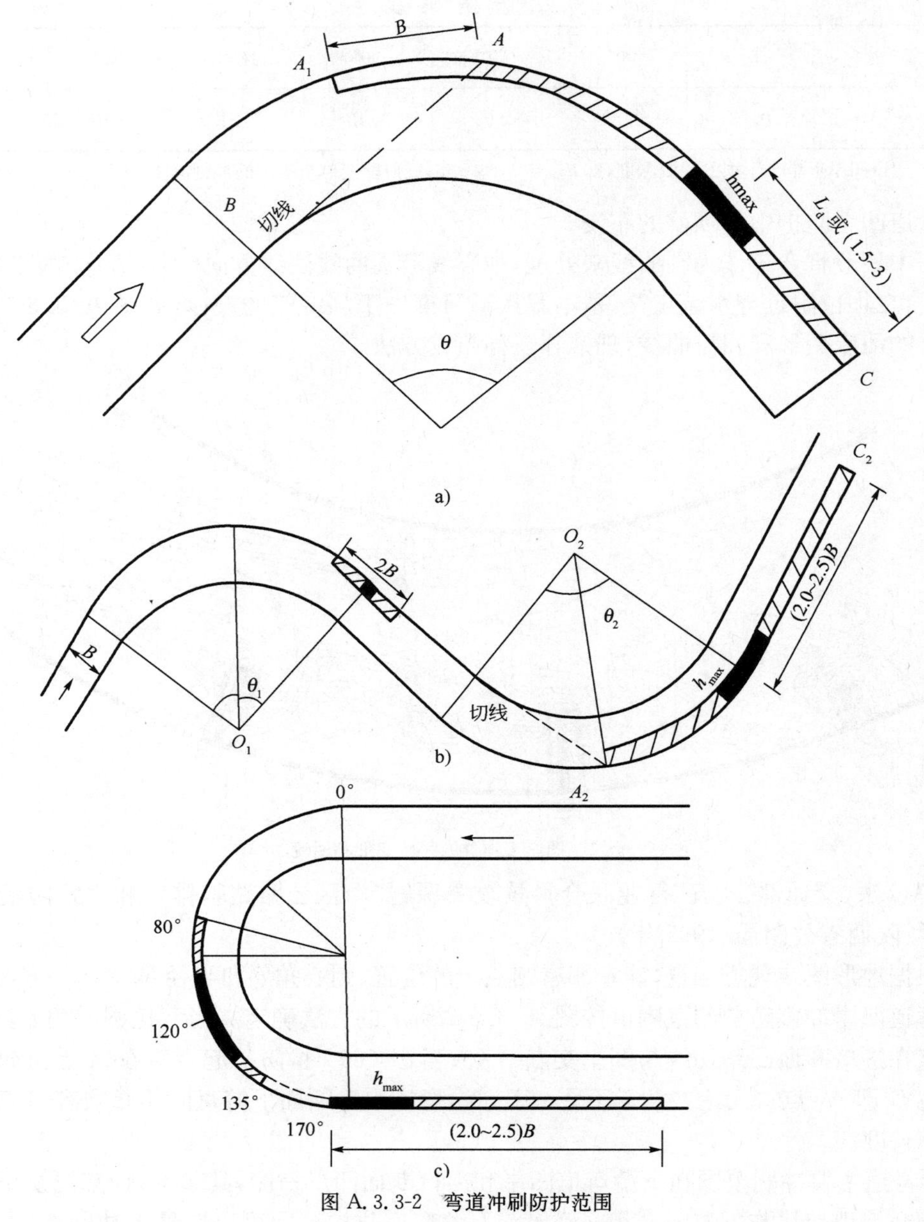

图 A. 3. 3-2　弯道冲刷防护范围

$\cdots\cdots = 0.8L_{H1}$ 。

⑤在 1 号坝切线上截取 0. 8 L_{H1}（图 A. 3. 3-3），过该点作垂线与凹岸相交，其交点即为 2 号坝的坝位。

⑥在 2 号坝切线截取 0. 8 L_{H1} ，过该点作垂线与凹岸相交，其交点即为 3 号坝的坝位；下游凹岸各坝坝位按上述方法逐个定出。

⑦最下游坝（n 号坝）下游回流长度按表 A. 3. 2，取 $L'_{Hn} = 0.8L_{Hn}$ 。弯道出口下游直河段，河岸坝距为 0. 8 L_{H1} 。

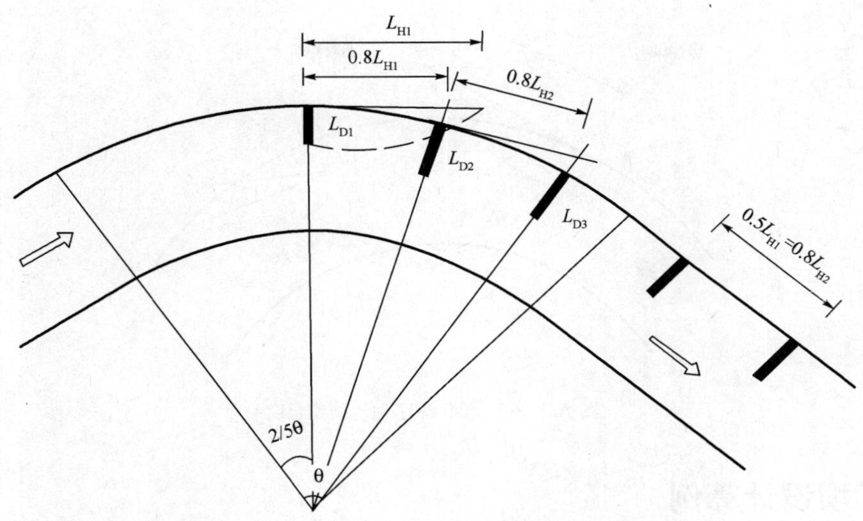

图 A.3.3-3　凹岸丁坝群的布设(XG 法)

(2)按 FHWA 法确定各坝的坝位

美国联邦公路总署研究报告(FHWA-IP-90-014)1991 年 2 月研究结果:当丁坝长度为河槽宽度 20%时,坝头绕流下游扩散角约为 17°,来确定回流长度。

防护范围、1 号坝位置、各坝冲刷深度的确定等和上述(XG)法相同。自 1 号坝头向下游作坝轴的垂线,以此为一边,向凹岸一侧量取 17°并延长该线与凹岸相交,该交点即为 2 号坝的坝位。以此类推,逐个确定下游各坝的坝位(见图 A.3.3-4)。

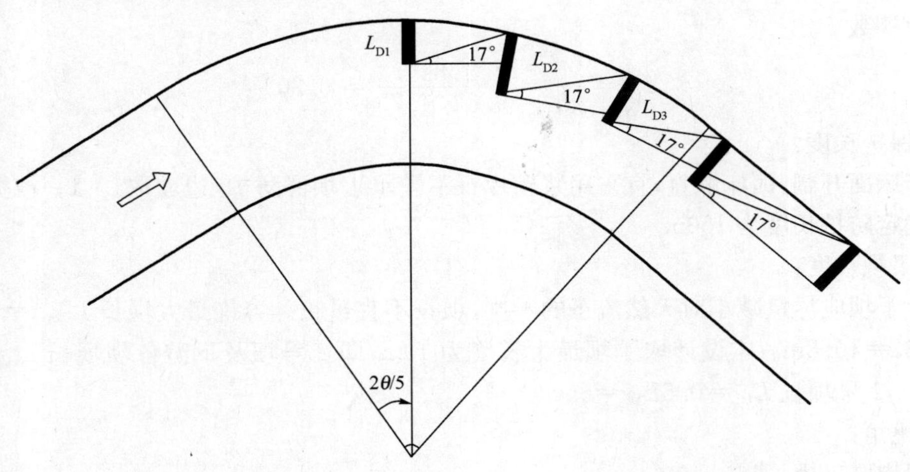

图 A.3.3-4　凹岸丁坝群的布设(FHWA 法)

(3)XHU 法

首先按式(A.1.3-1)计算回流长度 L_H;然后,在地形图上绘出丁坝 OD 的切线 DT,弧 OHT 是回流边界,与凹岸相交于 H,则弧 DH 为凹岸回流长度。工程中偏安全地取弦 OT 与凹岸的交点 H',作为回流末端,即弧 OH' 为凹岸回流长度,见图 A.3.3-5。

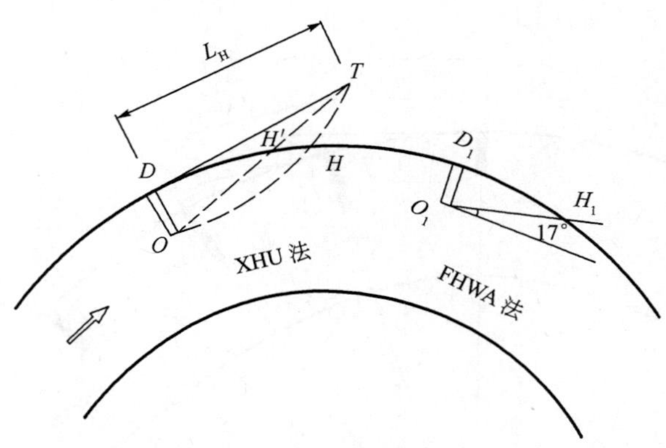

图 A. 3. 3-5 沿凹岸丁坝的回流长度

A. 4 丁坝设计算例

秦岭山区商州市附近的丹江下游为山区开阔段，平面顺直，卵石河床，床面比降 $i=0.19\%$，河床粗糙系数 $n=1/30$。丹江在商州市下游右岸靠近山脚，有众多小支流汇入；左岸股流多沿路基坡脚流动，冲刷严重需进行防护。设计流量 $Q=430\text{m}^3/\text{s}$，水面宽度 $B=132\text{m}$，平均水深 $h=1.73\text{m}$。

解：(1)平均流速 V

$$V=\frac{1}{n}h^{\frac{2}{3}}i^{\frac{1}{2}}=30\times1.73^{\frac{2}{3}}\times0.0019^{\frac{1}{2}}=1.89\ \text{m/s}$$

弗汝德数 F_r：

$$F_r=\frac{V^2}{gh}=\frac{1.89^2}{9.8\times1.73}=0.209$$

(2)保护长度：

由于床面开阔，河床顺直，宜采用浆砌片石不漫水丁坝群防护，边坡取1∶1。根据河床现场观测确定防护长度为150m。

(3)丁坝长度：

护岸丁坝应尽量减小对天然流态的干扰，坝长不宜过长。容许最大坝长 $L_{Dmax}=0.15B=0.15\times132=19.8\text{m}$。本设计取丁坝最大长度为10m，即2号坝及下游各坝坝长 $L_{D2}=L_{D3}=L_{D4}=10\text{m}$，1号坝长 $L_{D1}=0.5L_{D2}=5\text{m}$。

(4)挑角：

各坝均取正挑，即 $\alpha=90°$。

(5)各坝坝头的冲刷深度。

1号坝为单坝时的冲深 h_{s1}：

h_{s1}按式(附 A. 1. 1)计算，取边坡系数 $m=1$

$$\begin{aligned}h_{s1}&=1.95F_r^{0.20}(L_{D1}\times h)^{0.50}C_\alpha C_m\\&=1.95\times0.209^{0.20}\times(5\times1.73)^{0.5}\times1.0\times e^{-0.07}=3.89\ \text{m}\end{aligned}$$

1 号坝在群坝中的冲深 h'_{s1}：

$$h'_{s1} = 0.82h_{s1} = 0.82 \times 3.89 = 3.19\ \mathrm{m}$$

2 号坝为单坝时的冲深 h_{s2} ：

$$h_{s2} = 1.95F_r^{0.20}(L_{D2} \times h)C_\alpha C_m$$
$$= 1.95 \times 0.209^{0.20} \times (10 \times 1.73)^{0.5} \times 1.0 \times e^{-0.07} = 5.52\ \mathrm{m}$$

2 号坝在群坝中的冲深 h'_{s2}：

$$h'_{s2} = 0.6h_{s2} = 0.6 \times 5.52 = 3.31\ \mathrm{m}$$

3 号坝在群坝中的冲深 h'_{s3}：

$$h'_{s3} = 0.4h_{s2} = 0.4 \times 5.52 = 2.21\ \mathrm{m}$$

4 号坝(最下游坝)冲深取 h'_{s1}：

$$h'_{s4} = 2.21\ \mathrm{m}$$

(6)各坝之间的距离：

1 号坝为单坝时的回流长度 L_{H1} 按式(A.1.3-1)计算：

$$C_0^2 = \left(\frac{h^{1/6}}{ng^{0.5}}\right)^2 = \left(\frac{1.73^{1/6} \times 30}{9.8^{0.5}}\right)^2 = 110$$

$$L_{H1} = \frac{C_0^2 h L_{D1}}{L_{D1} + 0.05C_0^2 h}\left(\ln\frac{B}{B - L_{D1}} + 0.58\right)$$
$$= \frac{110 \times 1.73 \times 5}{5 + 0.05 \times 110 \times 1.73}\left(\ln\frac{132}{132 - 5} + 0.58\right)$$
$$= 40.55\mathrm{m}$$

按表 9-1，坝距 $l_{1,2} = 0.8L_{H1} = 0.8 \times 40.55 = 32.44\mathrm{m}$，取 $l_{1,2} = 33\mathrm{m}$。因河道顺直，取下游各坝即 $l_{2,3} = l_{3,4} = 33\mathrm{m}$。

最下游坝(4 号坝)为单坝时的回流长度：

$$L_{H4} = \frac{C_0^2 h L_{D4}}{L_{D4} + 0.05C_0^2 h}\left(\ln\frac{B}{B - L_{D4}} + 0.58\right)$$
$$= \frac{110 \times 1.73 \times 10}{10 + 0.05 \times 110 \times 1.73}\left(\ln\frac{132}{132 - 10} + 0.58\right)$$
$$= 64.23\mathrm{m}$$

按表 A.3.2，4 号坝在丁坝群中的回流长度：

$$L'_{H4} = 0.8L_{H4} = 0.8 \times 64.23 = 51.38 \approx 51\ \mathrm{m}$$

丁坝群防护总长度 L_f 为：

$$L_f = \sum l_{n,n+1} + L'_{H4} = 3 \times 33 + 51 = 150\ \mathrm{m}$$

(7)丁坝形式和尺寸。

丁坝坝头顶面设在平均床面以上 1.73m，即与设计水位齐平。若洪水超过设计水位即为漫水丁坝。坝顶面设 10％的纵坡，即从坝头向坝根以 10％坡度升高，使涨水阶段坝顶从坝头向坝根逐渐漫水，适应涨水阶段流速、流向急剧变化的水势，避免坝头的跌水出现。坝头做成半圆头，便于绕流和溢流，上下游及坝头三面做 1∶1 边坡，内部片石注浆，表面 0.4m 厚的浆砌，坝顶宽度 1.5m。边坡做到床面以下 1m，再用浆砌片石护坦防护，基础埋深可提高到 3m 之内。

附录 B　护坦冲刷计算

B.1　护坦冲刷深度

蒋焕章研究员(1993 年)建议护坦冲刷深度按下式计算:

$$h'_{sm}=f\left(\frac{L_i}{L_f}\right)(h_{sm}-\Delta h)+\Delta h \tag{B.1-1}$$

或:

$$\frac{h'_{sm}-\Delta h}{h_{sm}-\Delta h}=f\left(\frac{L_i}{L_f}\right) \tag{B.1-2}$$

$$f\left(\frac{L_i}{L_f}\right)=\left(\frac{L_i}{L_f}\right)^{-2}e^{-9.5\left(\frac{L_i}{L_f}\right)^{1.6}} \tag{B.1-3}$$

式中:h'_{sm}——无护坦式基脚的驳岸和护坡局部冲刷稳定深度(m);

$f\left(\frac{L_i}{L_f}\right)$——护坦式基脚减冲参数;

Δh——护坦顶面在计算床面以下的深度(m);

L_i——护坦计算宽度(m);

L_f——护坦顶面高度处的局部冲刷坑宽度(m)。

护坦顶面高度处的局部冲刷宽度按下式计算:

$$L_f=\frac{h_{sm}-\Delta h}{\tan\phi}+\Delta S \tag{B.1-4}$$

式中:ϕ——水下泥沙休止角;

ΔS——局部冲刷坑底带状冲沟宽度,应按现场调查资料确定。

从式(B.1-2)和式(B.1-3)可知,式中假定不设置护坦的天然状态的冲沟和设护坦后形成的冲沟几何尺度是相似的,对应边存在比例关系式(B.1-2),其比例常数为 $f\left(\frac{L_i}{L_f}\right)$。

在相同水力条件和相同护坦顶面埋深条件下,不同护坦宽度时的河床变形和护坦边缘冲刷深度的变化规律如下:

(1)不设护坦,河床可以自由变形条件的冲刷变形和设置护坦后的冲刷变形是不存在几何相似关系的,设护坦后的冲刷深度不能从式(B.1-1)或式(B.1-2)的几何比例式求得符合实际的结果。

(2)护坦宽度越小,凹岸冲刷越深,同时凸岸淤积越高,床面横向起伏越大;护坦宽度越大,凹岸冲刷越浅,凸岸淤积也越小,床面横向变形越平缓。

(3)护坦的设置限制了螺旋流的自由发展和凹岸的冲刷,螺旋流的消弱,使凹岸冲刷减小,凸岸淤积减小,横向床面变形趋向平缓。

(4)设置不同宽度的护坦,对弯道螺旋流的限制程度不同,各横断面的变形也随宽度不同而不同。

B.2　弯道凹岸的护坦防护

(1)弯道凹岸护坦防护的水力学机理

弯道凹岸护坦修建后的水流结构和防护机理,可以用图 B.2-1 表示。

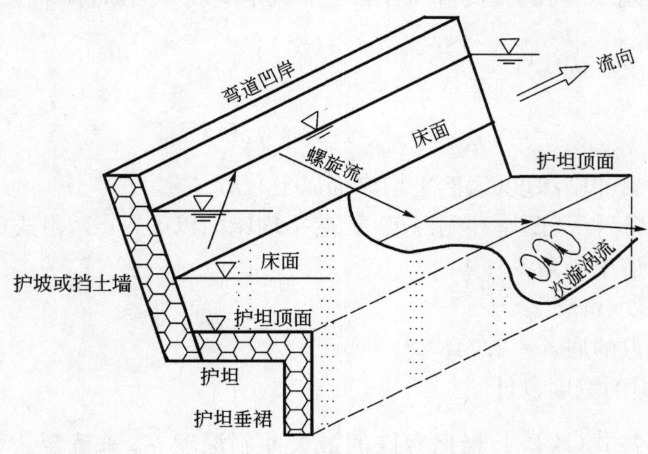

图 B.2-1　弯道凹岸护坦的水流结构

(2)护坦的防护效果

护坦减冲效果可用护坦垂裙处冲深 h_{SH}(平均床面以下)和不设护坦天然冲深 h_s(平均床面以下)的比值 $\frac{h_{HS}}{h_S}$ 来表示(图 B.2-2)。

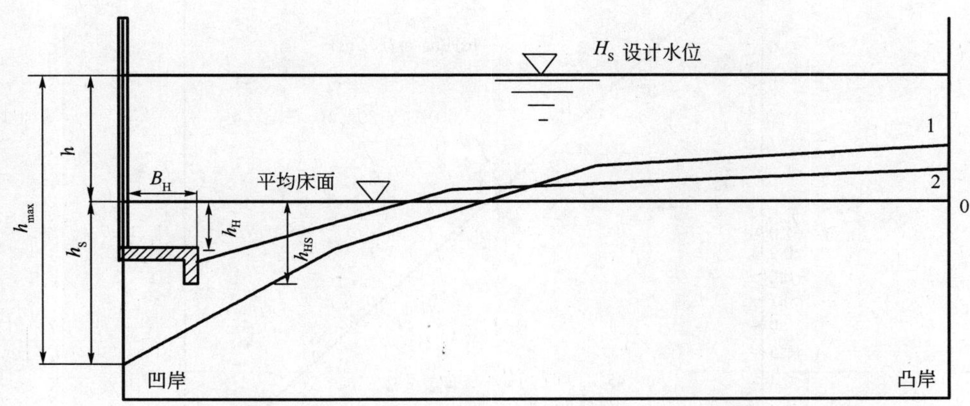

图 B.2-2　设置护坦前后的凹岸冲刷深度计算图示

注:1-弯道天然最大冲刷断面;2-设护坦后最大冲刷断面

天然状态弯道凹岸的最大冲刷深度 h_s,可由该处的最大水深 h_{max},减去平均水深 h 求得,即:

$$h_{max}=1.48\left(\frac{B}{R_c}\right)^{0.24}\left(\frac{B}{h}\right)^{0.17}\left(\frac{h}{d}\right)^{0.05}hC_m \tag{B.2-1}$$

$$h_S = h_{max} - h \tag{B.2-2}$$

这样,设护坦后的减冲效果 $\frac{h_{SH}}{h}$,可用下面函数式表示:

$$\frac{h_{SH}}{h_s} = f\left(\frac{\theta}{180°}, \frac{B_H}{h_s}\right) \tag{B.2-3}$$

根据西安公路学院 43 场试验资料和合肥工业大学 9 场 90°顶冲试验资料分析,得:

$$\frac{h_{SH}}{h_s} = e^{-0.275\left(\frac{180°}{\theta}\right)\left(\frac{B_H}{h_s}\right)}$$

或:

$$h_{SH} = h_s e^{-0.275\left(\frac{180°}{\theta}\right)\left(\frac{B_H}{h_s}\right)} \tag{B.2-4}$$

式中:h_{SH}——护坦垂裙冲刷深度(天然平均床面以上)(m);

h_s——无护坦条件下,凹岸冲刷深度(天然平均床面以下)(m),由式(B.2-2)计算;

θ——河流弯道中心角(°);

B_H——护坦宽度(m);

e——自然对数的底,e=2.718 28。

(3)凹岸防护护坦的宽度设计

护坦宽度 B_H,可按式(B.2-4)根据容许的最大冲刷深度 h_{SH} 来确定。估计值可按 $\frac{h_{SH}}{h_s}$ 与 $\frac{B_H}{h_s}$ 关系曲线(B.2-3)确定。由图 B.2-3 曲线可见,弯道中心角 θ 越小,护坦减冲效果越大。

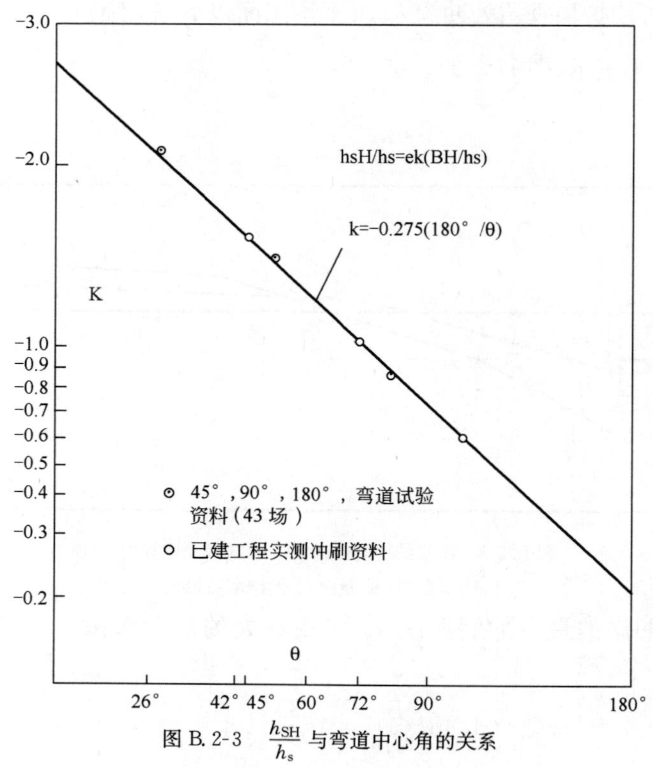

图 B.2-3 $\frac{h_{SH}}{h_s}$ 与弯道中心角的关系

如果按弯道凹岸最大冲刷深度公式(B.2-1)和式(B.2-2)计算的 h_s 很大,致使按式(B.2-4)算出的护坦宽度 B_H 也过大,最简单有效的办法是在较宽的护坦上,每隔几米修一条潜坝,潜坝与护坦砌筑或浇筑成整体。"潜坝"是指坝顶埋入床面以下或与床面齐平,河床冲刷后才起漫水丁坝作用或消力坎作用的构造物。

附录 C　泥石流相关计算方法

C.1　泥石流冲击力计算

C.1.1　泥石流流体整体冲压力与冲压方向和受害建筑物的形状有关

$$\delta = \lambda \frac{\gamma_c}{g} V_c^2 \sin\alpha \tag{C.1.1}$$

式中：δ——泥石流整体冲压力(Pa)；

γ_c——泥石流重度(t/m³)；

V_c——泥石流流速(m/s)；

g——重力加速度(m/s²)；

a——建筑物受力面与冲压方向的夹角(°)；

λ——建筑物形状系数，圆形 $\lambda=1.0$，矩形 $\lambda=1.33$，方形 $\lambda=1.47$。

C.1.2　单个块体冲击力与受冲击构件刚度有关，墩、台、柱一般简化为悬臂梁

$$F=\sqrt{\frac{3EJV_c^2W}{gL^3}}\sin\alpha \tag{C.1.2-1}$$

式中：F——大块石冲击力(Pa)；

E——构件弹性模量(Pa)；

J——构件截面中心轴的惯性模量(m⁴)；

L——构件长度(m)；

W——块石重量(kN)；

其余符号意义同前。

坝、闸、栅简化为简支梁：

$$F=\sqrt{\frac{48EJV^2W}{gL^3}}\sin\alpha \tag{C.1.2-2}$$

式中符号同前。

C.2　泥石流流速测算采用经验公式

C.2.1　西北地区稀性泥石流流速测算可采用铁一院推荐的公式

$$V_c = \frac{1.53}{a} \cdot R_c^{2/3} I^{2/3} \tag{C.2.1}$$

式中符号意义同前。

C.2.2　西北地区黏性泥石流流速公式

$$V_c = M_c H_c^{2/3} I_c^{1/2} \tag{C.2.2}$$

式中：M_c——沟床糙率系数，其余符号意义同前。

C.2.3　弗莱施曼推荐的泥石流中块体运动速度公式

$$V = a\sqrt{d_{max}} \tag{C.2.3}$$

式中：V——块体运动速度(m/s)；

a——综合系数，a=3.5～4.5；

d_{max}——最大块径(m)。

参 考 文 献

[1] 中华人民共和国行业标准. JTG D30—2004 公路路基设计规范. 北京:人民交通出版社,2004.

[2] 中华人民共和国国家标准. GB 50021—2001 岩土工程勘察规范. 北京:人民交通出版社,2001.

[3] 中华人民共和国行业标准. TB 10025—2001 铁路路基支挡结构设计规范. 北京:人民交通出版社,2001.

[4] 中华人民共和国行业标准. JTJ 064—98 公路工程地质勘察规范. 北京:人民交通出版社,1998.

[5] 中华人民共和国国家标准. GB 05330—2002 建筑边坡工程技术规范. 北京:人民交通出版社,2002.

[6] 中华人民共和国行业标准. JTJ 073—96 公路养护技术规范. 北京:人民交通出版社,1996.

[7] 刘传正. 地质灾害勘查. 北京:地质出版社,2000.

[8] 王恭先,等. 滑坡学与滑坡防治技术. 北京:中国铁道出版社,2004.

[9] 中国灾害防御协会铁道分会. 中国铁路自然灾害及其防治. 北京:中国铁道出版社,2000.

[10] 邓卫东. 公路边坡稳定技术. 北京:人民交通出版社,2006.

[11] 郑颖人,陈祖煜,等. 边坡与滑坡工程治理. 北京:人民交通出版社,2007.

[12] 赵明阶,何光春,王多垠. 边坡工程处治技术. 北京:人民交通出版社,2004.

[13] 杨航宇,颜志平,朱赞凌,等. 公路边坡防护与治理. 北京:人民交通出版社,2002.

[14] 刘玉卓. 公路工程软基处理. 北京:人民交通出版社,2003.

[15] 马永潮. 滑坡整治及防治工程养护. 北京: 中国铁道出版社,1996.

[16] 高冬光. 公路与桥梁水毁防治. 北京:人民交通出版社,2002.

[17] 蒋焕章. 公路水文勘测设计与水毁防治. 北京:人民交通出版社,2002.